"十二五"职业教育国家规划教材
经全国职业教育教材审定委员会审定

数码艺术设计丛书

Maya 三维动画制作
案例教程
（第2版）

王 威 著

电子工业出版社.
Publishing House of Electronics Industry
北京·BEIJING

内 容 简 介

本书采用案例化的形式，循序渐进地对三维软件 Maya 进行了详细的介绍，同时也剖析了 Maya 使用者在实践过程中遇到及关心的问题。从 Maya 的基本操作入手，结合大量的可操作性实例，全面而深入地阐述了 Maya 在 Polygon 建模、摄像机聚焦、灯光、材质及渲染等方面的技术。本书还向读者展示了如何运用 Maya 结合 mental ray 渲染器进行角色、游戏、影视、动画和特效等渲染。

本书可作为高等学校、高等职业院校动画、影视、游戏、图形图像等专业的教材及培训用书。

图书在版编目（CIP）数据

Maya 三维动画制作案例教程/王威著. —2 版. —北京：电子工业出版社，2015.2
　（数码艺术设计丛书）
ISBN 978-7-121-25438-3

Ⅰ. ①M… Ⅱ. ①王… Ⅲ. ①三维动画软件－高等职业教育－教材 Ⅳ. ①TP391.41

中国版本图书馆 CIP 数据核字（2015）第 012305 号

策划编辑：吕　迈
责任编辑：吕　迈
印　　刷：北京虎彩文化传播有限公司
装　　订：北京虎彩文化传播有限公司
出版发行：电子工业出版社
　　　　　北京市海淀区万寿路 173 信箱　邮编　100036
开　　本：787×1 092　1/16　印张：18.5　字数：474 千字
版　　次：2011 年 5 月第 1 版
　　　　　2015 年 2 月第 2 版
印　　次：2018 年 11 月第 6 次印刷
定　　价：38.80 元

凡所购买电子工业出版社图书有缺损问题，请向购买书店调换。若书店售缺，请与本社发行部联系，联系及邮购电话：(010) 88254888，88258888。

质量投诉请发邮件至 zlts@phei.com.cn，盗版侵权举报请发邮件至 dbqq@phei.com.cn。

本书咨询联系方式：(010) 88254569，QQ1140210769，xuehq@phei.com.cn。

第 2 版前言

目前国内绝大多数学校的三维动画专业课程设置中，Maya 几乎是必须学习的动画制作软件之一，可以说，Maya 极大地促进了中国动画的发展。

学习 Maya，交流非常重要，尤其是初学者之间的相互交流。我们在上 Maya 这门课的时候，每天的第一节课，都会要求学生把昨天做的东西交上来，然后用投影仪打在大屏幕上，向全班同学展示。这样做有两个好处：一个是监督学习，另一个就是起到互相交流的作用。

学习 Maya 这个动画软件，不仅仅要能坐得住、练进去，还一定要培养自学的能力。如果上课进行练习，学生往往会对老师产生依赖性，一有什么问题马上问老师，得到的答案很快就会忘掉。学生们有问题必须互相去问，解决不了就得自己上网查资料，甚至看英文版的帮助文件。这样无形中提高了自学的能力，而且对于自己解决的问题记得更加牢固。

本书中的实例全部都是在实践和教学过程中使用过的，适合 Maya 动画制作人员学习、掌握。在理论的讲解中，由于 Maya 中的命令极为庞大，因此我们放弃了大部分在实战中应用不到或应用较少的命令，只对那些常用的命令进行集中讲解，这样可以使精力集中在这些重要的命令上，利于快速掌握 Maya 的操作流程。

本书提供了书中所有实例的源文件和素材，另外还有供教师上课使用的 PowerPoint 课件。

在本书的编写过程中，也得到了郑州轻工业学院艺术设计学院、郑州红羽动画公司领导和老师们的支持，得到了老同学和学生的帮助，其中有郑州轻工业学院动画系的范辉、宋帅、屈佳佳、王翔、杨永鑫、漫晓飞、何玲、李金荣、佘静、洪枫、肖遥、艾迪、于彩丽、施雅静、朱伟伟、吕琦、胡海洋、秦文双、褚申宁、王娟、邓滴汇、王凡、周洁、秦文汐、班青，郑州红羽动画公司的张凌云、王延宁、张林峰、白银等，在此表示深深的感谢。另外，还要特别感谢电子工业出版社的吕迈老师，正是他的大力协助和鼓励，才使这本书得以顺利完成。

希望这本书能够让更多的人实现自己的动画梦。

王 威

目 录

CONTENTS

第 1 章

三维动画概述

▶ 1.1 关于 CG

想象力和人类的历史一样古老。

从人类诞生的那一刻起，人类对这个世界的想象就从未停止。

在人类的历史中，从远古时代的绘画起，到 19 世纪摄影技术的发明，一直到现在的计算机图形图像技术，都使人类想象力的表现方法变得越来越多样化。

计算机图形图像是一项新兴的技术种类，全称为 "Computer Graphics"，简称 CG，它的普及是近些年才开始的。

随着现在计算机技术的飞速发展，CG 已经具有了虚拟现实、超越现实的独特表现力，其技术正越来越广泛地被应用于制造业、信息产业、广告业和影视娱乐业等传统及新兴产业领域之中，全球 100 部最卖座的电影中有 7 部是计算机图像影片。种种迹象表明，CG 是一个前途无限、充满希望的新兴行业。

实际上个人计算机的出现，在很大程度上降低了计算机进入普通家庭的门槛。紧接着的 DOS 系统向图形界面的 Windows 操作系统的转变，使很多普通人开始并学会使用了计算机。而一些简单的图形软件，例如 Adobe 公司的 Photoshop 的普及，也使得很多人越来越钟情于使用计算机来进行艺术创作。

随着计算机图形图像技术的不断进步，这个领域也逐渐变成了数字艺术门类，它的分类很多，可以是漫画、动画，也可以是游戏、软件界面，还可以是平面设计、工业设计、建筑和室内设计、服装设计等。

但这项技术真正改变世界的则是它在动画、电影方面的表现。随着《星球大战》、《侏罗纪公园》、《魔戒》、《黑客帝国》、《纳尼亚传奇》等魔幻巨作的出现，人类的想象力被开发到一个全新的高度，越来越多的人为之疯狂，如图 1-1 所示。

对于动画行业而言，随着计算机图形图像技术的发展，制作流程由原来的手工作业逐渐转变为现在的无纸化作业。尤其是三维技术的出现，使动画拥有了一种新的表现手段。

三维技术使动画的表现效果有了质的飞跃，极为逼真的人物和场景使画面的可信度越来越高，2009 年年底，由著名导演詹姆斯·卡梅隆执导，二十世纪福克斯出品，耗资超过 5 亿美元的科幻电影《阿凡达》（Avatar）上映。该片为三维动画技术带来历史性的突破，大量的动作捕捉技术和合成技术的运用，使实拍镜头与三维动画完美结合，并使三维动画技术完美创造出另外一个真实可信的世界，如图 1-2 所示。

图 1-1   图 1-2

三维和二维动画只有一字之差，但它们究竟区别在哪里？

说得浅显一点，二维只能进行上下、左右两个维度的运动，即 X、Y 轴方向上的运动。而三维在这个基础上，还可以进行前后维度的运动，即 Z 轴。

三维使动画的空间感更为真实，同时也使动画制作人员从动辄成千上万张画中解脱出来，它的出现颠覆性地改变了动画的制作流程，也使得越来越多的人走入动画制作行业。

⯈ 1.2 三维动画的制作流程

1.2.1 动画前期设定

无论是三维动画、二维动画还是摆拍动画，前期的流程都是一样的：先创建剧本，再根据剧本制作文字分镜或画面分镜，以及角色设计、场景设计、道具设计等，如图 1-3 所示。

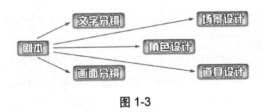

图 1-3

剧本：即整部动画的故事情节，如果是一般的动画创作，需要有故事梗概、发展主线、故事情节等。故事梗概要求用最少的文字将故事讲述出来；发展主线是将故事发展的一些转折点标注出来；故事情节则是完整的讲述。下面是一简单的动画剧本：

一个14岁的小男孩，与进城打工的父亲一起，在城市中的生活

主线：

进城→入校被拒→在家帮父亲分担家务→进民工子弟学校→上春晚

心情变化主线：

新奇、害怕→被人歧视→从无所事事到渴望读书→坚强、自立、刻苦→骄傲

故事情节：

14岁那年，我随打工的父亲，第一次来到这个陌生而又繁华的城市。第一次看到汽车，第一次看到高楼大厦，第一次看到红绿灯。一切都是那么的新奇，我忽然发现我的眼睛不够用了。

父亲在外面打工，他告诉我要上进，要上学，这样才能出人头地，才不会被人看不起。在一天的清晨，我被屋外的吵闹声惊醒，出去一看，是父亲在向一个衣冠楚楚的胖老板请假，胖老板不断地摆手，转身要走，父亲追上去，不断地低头哈腰，终于，那个胖老板点头了……以下略。

文字分镜：使用文字描述的方式，将动画分镜头写出来。这种方式一般用于工期比较紧的动画制作，由于没有时间去绘制分镜，因此就用文字的方式来表达。要求是：语言准确，一般不要带有任何修饰性词汇，例如"天气好得让人心旷神怡"，这样的表达就让制作人员无从下手，正确的应该是"蓝色的天空中飘着几朵白云，风把几片树叶轻轻吹了起来"，这样制作人员就知道如何绘制了。郑州轻工业学院动画系04级学生届佳佳的一个简单动画文字分镜如表1-1所示。

表1-1　一个简单的动画文字分镜

序　号	镜　头	描　述	对白/声音
01	中景转特写	空荡的房子，一个女孩蜷缩在角落，瑟瑟发抖，镜头上移至女孩背后的相框，照片上父母渐变成黑白色，字幕出：奢侈的幸福	争吵声，摔门声，瞬间变寂静
02	远景转中景	画面淡出，两栋楼的剪影，女孩站在楼中间的路上，过路的情侣和伙伴从其身边走过	嘈杂声，路人说笑声，背景音乐起
03	特写	手机屏幕，显示电话本为空	
04	远景	女孩渐渐由彩色变成黑白	
05	中景	女孩站在咖啡店门口，躲雨，男孩站在旁边	雨声
06	特写	雨水从女孩发梢滑落，随之眼泪也划过脸颊滴落	
07	特写	一滴眼泪滴落，眼泪由少渐多	有节奏的泪水滴落声
以下略			

画面分镜：使用绘画的方式将每一个动画镜头绘制出来，一般的动画对画面要求不高，能够表达清楚拍摄角度、摄像机的运动、人物的前后顺序、场景与人物的关系就基本可以了，如果有时间还可以绘制出光线的变化和表情变化等，下面的分镜是由郑州轻工业学院

动画系王翔为他自己的动画短片《Just a Story》所绘制的，如图 1-4 所示。

图 1-4

角色设计：包括前期的性格、行为设定，然后根据角色特性开始绘制，要求有正面、侧面、背面的三视图，甚至还有 1/2 侧、俯视图等，如果有多个角色，还需要绘制一张总表，将所有角色放进去，使身高差异显示清楚，下面是郑州轻工业学院动画系范辉为动画短片《口香糖》设计的角色，如图 1-5 所示。

图 1-5

场景设计：根据情节绘制不同的场景。如果是一般的动画创作，一张分图层的场景即可，但如果是较为复杂的场景，还需要绘制出场景的不同角度，下面的两张场景是郑州轻工业学院动画系屈佳佳为她的动画短片《奢侈的幸福》所绘制的，如图 1-6 所示。

图 1-6

以上的所有流程都能通过计算机来完成。除了剧本和文字分镜使用的是 Word 等文字处理软件以外，其余部分都需要通过 CG 来完成。目前经常用到的软件有 Adobe 公司的 Photoshop、Illustrator，Corel 公司的 CorelDRAW、Painter 等软件。

1.2.2　三维动画制作

在三维动画的制作过程中，一般的流程是建模、材质、骨骼（绑定）、动画、灯光、渲染、后期（合成），如图 1-7 所示。

建模 ➡ 材质 ➡ 骨骼 ➡ 动画 ➡ 灯光 ➡ 渲染 ➡ 后期

图 1-7

这些步骤中，除了最后的后期合成要用到视频编辑软件以外，其他部分都需要在三维软件中完成。

建模：根据前期的人物设定和场景设定，在三维软件中制作出相应的模型。这个工种要对人体结构、肌肉分布有较深入的了解，最好有一定的雕塑基础。另外，建模并不仅仅是把模型制作出来就行，它还有很多细节的要求，例如有的要求模型的面数在 2 000 个以内，这样的模型称为简模，但绝对不是粗糙的模型，而是用最少的线做出高模的效果，如图 1-8 所示模型的面数有 2 200 个左右。

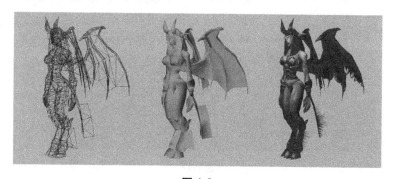

图 1-8

既然有简模，就肯定会有高模。高精度模型对细节要求极为严格，包括脸上的皱纹甚至皮肤的纹理，下面这个模型的面数高达 15 万个，如图 1-9 所示。

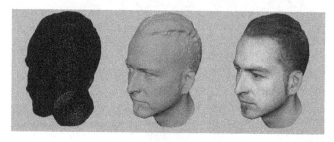

图 1-9

材质：为制作好的模型绘制皮肤、服饰的贴图，以及设定场景、道具和各物体的质感效果，要求对色彩和质感较为敏感，有较强的美术功底，可以直接绘制贴图，如图 1-10 所示。

骨骼：为角色的模型装配骨骼系统，其中包括 IK、FK，以及控制器、驱动关键帧等，这需要有较强的逻辑思维能力，如图 1-11 所示。

图 1-10

图 1-11

动画：调整角色的骨骼，使角色根据剧情的需要，做出不同的动作和表情，要求对角色的运动规律有较深的了解，使动作真实可信，或在原基础上进行夸张甚至变形。如图 1-12 所示，是郑州轻工业学院动画系赵玉竹的角色动画作品。

图 1-12

灯光：根据环境气氛，调节出适当的光影效果，要求对摄影技术有一定的了解，而且要对光影的变化很敏感，如图 1-13 所示。

图 1-13

渲染：使用默认或外部的渲染器，对场景进行渲染，输出成序列图片，要求懂一定的计算机编程。

后期：使用视频特效或合成软件，将镜头合成，并进行一些特效制作和校色工作，最后输出成完整的动画短片。

1.3　关于 Autodesk Maya

1.3.1　Autodesk Maya

　　Maya 是原来的 Alias 公司在 Power Animator 基础上开发的新一代 3D 动画软件，最后起名为 Maya，这个词来自于梵语，是"迷失的世界"的意思。2005 年，Autodesk 公司以 1.82 亿美元收购了 Alias 公司，Maya 也成为 Autodesk 公司的旗下的软件，图 1-14 所示的是 Maya 的界面。

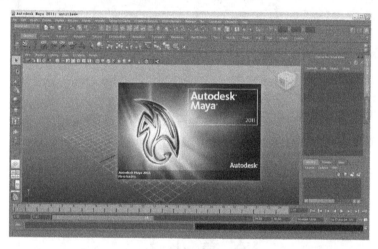

图 1-14

　　Maya 的定位是影视动画，特别是高端的电影制作。在大家熟悉的《黑客帝国三部曲》、《指环王三部曲》、《哈里波特》、《精灵鼠小弟》、《最终幻想 7：圣童降临》、《蜘蛛侠》中，Maya 都发挥出了重要的作用，如图 1-15 所示。

图 1-15

　　例如在影片《精灵鼠小弟》中，不但要表现一只活灵活现的小白鼠，还要使这只小白鼠很好地融在实拍的影片之中，这对于光线的把握和处理是非常严格的，而 Maya 对这方面的处理相当出色。另外一个重大技术难点就是小白鼠身上一根一根的鼠毛，这里边也大量应用了 Maya 的毛发技术，使每一根毛发都与周围的景色相互和谐。这一项技术也被应用在《怪物公司》中的大毛怪的制作中去了，如图 1-16 所示。

　　另外，一些三维艺术家也使用 Maya，并做出了很多让人惊叹的作品，如图 1-17 所示。

图 1-16

图 1-17

本 章 小 结

　　本章介绍了三维动画软件的历史和特点，可能这些介绍依然不足以满足大家的需要。课后可以登录一些专业网站，看看高手们的作品，开阔一下自己的眼界。

作　业

　　1. 通过本章第二节的动画前期设定方面的学习，请结合自己的需要，进行一部三维动画片的剧本、分镜、角色、场景等前期设定，为后面制作三维动画打下基础。

　　2. 多在网上看一些不同风格的三维动画短片，寻找一部动画短片作为自己的制作目标。

　　3. 在对三维动画了解的同时，也思考一下自己未来希望从事的职业和工种，明确了学习目标后才有更多的动力。

Maya 的基本操作

Maya 是一套极其庞大而又复杂的软件，它的命令多达成千上万，许多初学者就是看到了它复杂的界面，从而望而却步的，如图 2-1 所示。

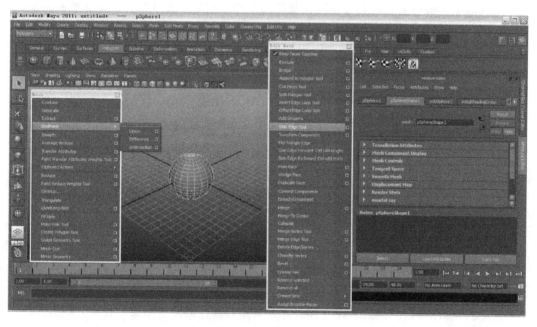

图 2-1

实际上 Maya 中的很多命令有可能是你一辈子都用不到的，只要掌握好一定数量的常用命令，应付平时的工作和创作，已是绰绰有余了，例如建模组只需要掌握几十个命令就可以完成一个漂亮的模型，所以这一点是完全不用担心的。

2.1 Maya 的界面

Maya 主界面的组成如图 2-2 所示。

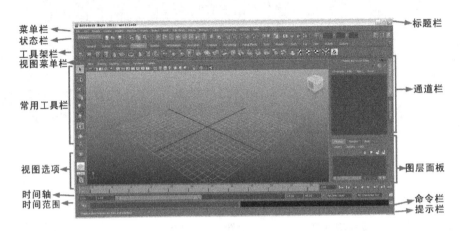

菜单栏
状态栏
工具架栏
视图菜单栏
常用工具栏
视图选项
时间轴
时间范围

标题栏
通道栏
图层面板
命令栏
提示栏

图 2-2

Maya 菜单分为通用菜单和模块菜单两大类，在模块改变后，模块菜单也会发生相应的改变，如图 2-3、图 2-4 所示。

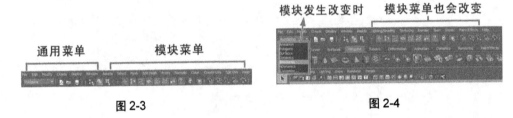

通用菜单　　模块菜单

模块发生改变时　　模块菜单也会改变

图 2-3　　　　　　　　　　　　　图 2-4

状态栏位于主界面的上方，主要用于显示与工作区操作相关的图标、按钮或者其他项目，也用于在物体的各个选择元素之间进行切换。

模块菜单：Maya 中主要包括 7 个默认的工作模块，这 7 个模块分别对应着 Maya 中不同的工作内容。在模块选择器中选择不同的模块，Maya 的菜单也会发生相应的改变。这 7 个工作模块分别是：动画（Animation）、多边形建模（Polygon）、曲面建模（Surfaces）、动力学（Dynamics）、渲染（Rendering）、布料（nCloth）和自定义（Customize）。

文件操作按钮：包括新建文件、打开文件和保存文件 3 个命令。

选择模式：分别为选择层级、选择物体和选择物体的子级别 3 种。

选项遮罩：用于指定物体、组成元素或者层级可以被选择的类型。

锁定：使移动、旋转和缩放，仅仅对工作空间中处于选择状态的物体或者项目起作用。

吸附模式：在场景中，用于精确移动物体的选项。在移动时可以使物体始终吸附在相关项目上。主要有网格吸附、曲线吸附、点吸附等。

操作列表：可以浏览被选中物体的操作执行情况。

历史：关闭或者打开物体的构造历史记录，构造历史包括应用于物体的参数、修改器和建模操作等。

渲染：可根据操作需要，选用不同的渲染方式，分别为打开渲染视图、快速渲染和 IPR 渲染。

渲染设置：单击该按钮可打开 Maya 的渲染设置窗口，对渲染的各项参数做进一步的调整，如图 2-5 所示。

　　常用工具栏是使用率最高的工具，主要包括选择（Select）、移动（Move）、旋转（Rotate）、放缩（Scale）等工具，如图 2-6 所示。

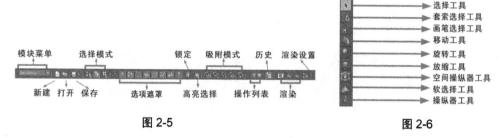

图 2-5　　　　　　　　　　　　　　　　　图 2-6

　　选择工具：用于选择物体，位于常用工具栏的最上侧，快捷键是 Q。单击选择此工具，然后在要选择的点、线或面上单击即可。

　　套索选择工具：用于选择不规则的物体。单击选择此工具，然后在视图中通过拖拽鼠标形成一个选择区域，以选择物体。

　　画笔选择工具：选择物体的另一种形式。这时鼠标会变为一支画笔，画到的地方就会被选择。

　　移动工具：用于移动物体。选择物体后会显示出 3 个带有箭头的坐标轴向，可以使物体在 3 个轴向上任意移动。快捷键是 W。

　　旋转工具：用于旋转物体。单击选择此工具，被选择物体会出现不同轴向的旋转轴，可任意旋转，快捷键是 E。

　　缩放工具：缩放工具用于改变一个物体的大小和比例。缩放可以按比例进行，也可以不按比例进行。单击选择此工具，被选择物体会出现 3 个轴向的杠杆，可对物体在任意轴向上放大、缩小，快捷键是 R。

2.2　Maya 的视图操作

　　对视图窗口的控制看起来虽然简单，但它是使用频率最高的命令，几乎每一次的作图都要使用很多次，不熟悉它就会大大降低工作效率，一定要掌握它。

　　首先是视图的切换。一般的三维软件都会有 4 个视图供在作图时，从不同角度观看和检查，它们分别是：Front View（正视图），Top View（顶视图），Side View（侧视图），Persp View（透视图），如图 2-7 所示。

　　这 4 个视图一般都可以最大化显示，便于更进一步观察。Maya 的视图最大化的快捷键是空格键。可以把鼠标放在一个想要最大化的视图上，快速地敲一下空格键，请注意，一定要快速地，否则就会弹出菜单的悬浮面板。当视图最大化的时候，如果又想切回四视图方式，可以再在视图上快速地敲一下空格键，它就会再次切换回四视图的方式，如图 2-8 所示。

将鼠标放在视图中，按空格键不放，然后把鼠标移到弹出的浮动菜单的中央，就是那个被方框包住的"A/W"那里，按鼠标右键，会弹出切换的视图选择，选择想切换的视图，在上面释放鼠标右键就可以对视图进行切换，如图 2-9 所示。

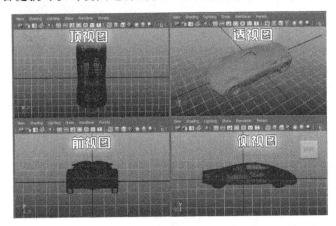

图 2-7

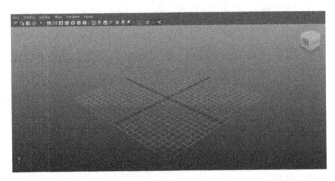

图 2-8

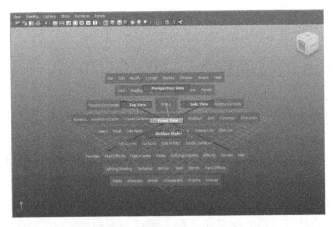

图 2-9

使用键盘的 Alt＋鼠标左键，可以操作视图进行旋转；使用键盘的 Alt＋中键，可以操作视图进行平移；使用键盘的 Alt＋右键，可以操作视图进行放缩。旋转视图只能在透视图中使用，其他 3 个视图不支持旋转的操作，如图 2-10 所示。

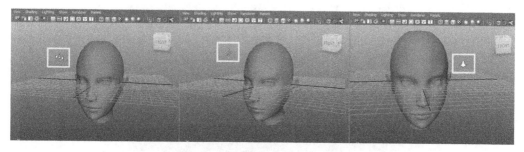

图 2-10

对于 Polygon 模型，在视图中按"4"键，是线框显示模式；按"5"键，是实体显示模式；按"6"键，是贴图显示模式（按"7"键，是灯光显示模式）如图 2-11 所示。

对于 Nurbs 模型，在视图中按"1"键，是一级（精度）显示模式；按"2"键，是二级（精度）显示模式；按"3"键，是三级（精度）显示模式，其他操作同 Polygon 模型，如图 2-12 所示。

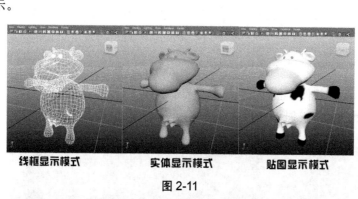

图 2-11

图 2-12

⏩ 2.3 Maya 笔刷工具实例——太阳花

在熟悉了 Maya 的基本操作方法以后，这一节来制作第一幅 CG 作品，最终结果如图 2-13 所示。

图 2-13

　　本节会利用前面几节提到的工具，再加一些简单的操作，来展示一件 CG 作品的制作流程。

　　这个实例主要用到了 Maya 的特色模块，即 "Paint Effects"，直译过来就是画笔特效，它可以像画笔一样，直接在场景中画出花、草、树，甚至楼房等复杂的模型，方法非常简单。

2.3.1　创建模型

　　（1）打开 Maya 软件，在顶部的工具栏中，进入 Curves（曲线）工具栏，用鼠标左键单击第一个圆形图标，这时鼠标会由箭头变为十字光标，如图 2-14 所示。

图 2-14

　　（2）在场景里双击鼠标左键，创建出一条圆形曲线，如图 2-15 所示。

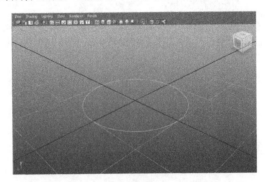

图 2-15

　　（3）执行主菜单的 Window→General Editors（普通编辑器）→Visor 命令，如图 2-16 所示。

（4）在打开的 Visor 窗口中，单击左侧树形结构中的"flowers"文件夹，右侧窗口会显示所有的花朵笔刷。下方的"sunflower.mel"笔刷就是本节要制作的花朵了，如图 2-17 所示。

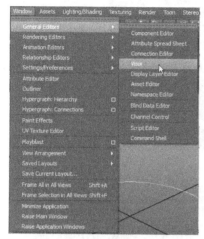 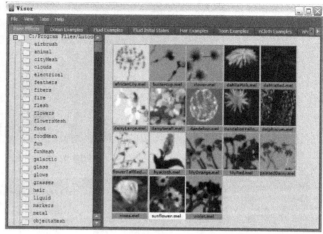

图 2-16   图 2-17

（5）在场景中单击步骤（1）中创建的圆形曲线，按住键盘的 Shift 键，再单击 Visor 窗口中的"sunflower.mel"花朵笔刷，使曲线和笔刷都被选中。在 Rendering 模块下，执行主菜单的 Paint Effects→Curve Utilities→Attach Brush to Curves（结合笔刷至曲线）命令，如图 2-18 所示。

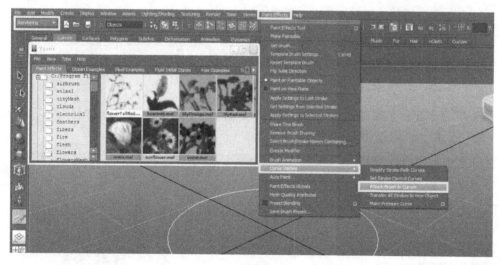

图 2-18

（6）这时我们会发现，曲线上面已经有花朵生长出来了。按键盘上的"5"键，使模型处于着色显示模式，会发现制作出的花朵长倒了。这是由于曲线的法线方向反转所导致的，如图 2-19 所示。

（7）使用旋转工具，将曲线在 X 轴的方向上旋转 360°，将花朵的生长方向调整为朝正上方，如图 2-20 所示。

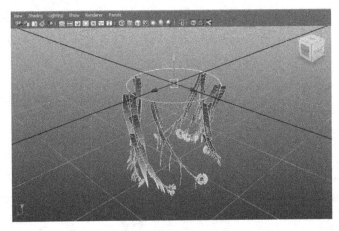

图 2-19

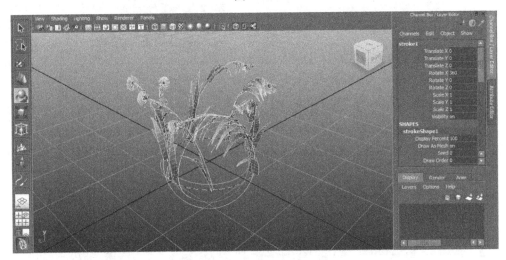

图 2-20

（8）再来创建一个圆形曲线，然后使用放缩工具将它拉大。打开 Visor 窗口，在"grasses"文件夹下选择一款草的笔刷，如图 2-21 所示。

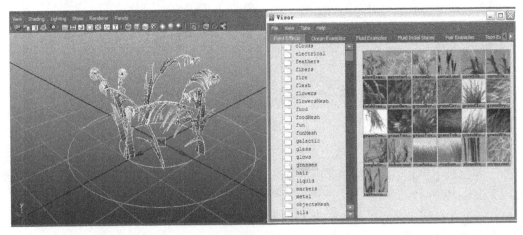

图 2-21

（9）选择新创建的曲线和草的笔刷，再来执行主菜单的 Paint Effects→Curve Utilities→Attach Brush to Curves（结合笔刷至曲线）命令。这时可以看到草在花朵周围生长出来了，如果草地的生长方向错误，依然使用旋转工具，将它调整过来，如图 2-22 所示。

图 2-22

（10）现在花朵和草地的比例差别太大，可分别调整它们的大小。选中花朵，按键盘的"Ctrl＋A"组合键，打开花朵的属性设置面板，进入"sunflower1"面板中，最上面有一个 Global Scale 参数，它是用来调整笔刷物体的大小的。修改花朵的 Global Scale 参数为 7.19，可以看到花朵变大了，而且原本低垂的花朵也抬了起来。

再来选中草地，按键盘的"Ctrl＋A"组合键，打开草地的属性设置面板，进入"grassClump1"面板中，修改草地的 Global Scale 参数为 6.86。

再来使用放缩工具，分别对花朵和草地进行放缩调整，直至它们的比例看起来正确为止。这样，模型部分就调整完成了，如图 2-23 所示。

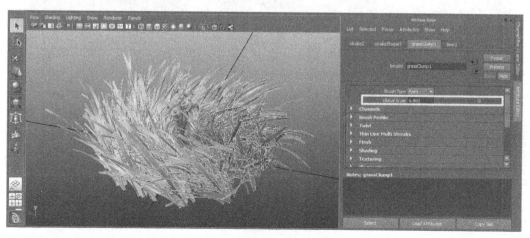

图 2-23

2.3.2 灯光和材质

（1）现在来进行灯光的创建。在顶部的工具栏中，进入"Rendering"（渲染）工具栏，单击第四个"SpotLight"（聚光灯）按钮，这样在场景的正中位置，就会创建出一盏聚光灯，如图 2-24 所示。

图 2-24

（2）聚光灯的显示很小，但这并不妨碍对它的位置进行调整。依然保持着对聚光灯的选择，在视图的菜单执行 Panels→Look Through Selected Camera（被选择物体视图）命令，进入聚光灯的视角中。这时，在视图的下方，可以看到视图名称由"Persp"（透视图）改变为"SpotLight"（聚光灯视图），如图 2-25 所示。

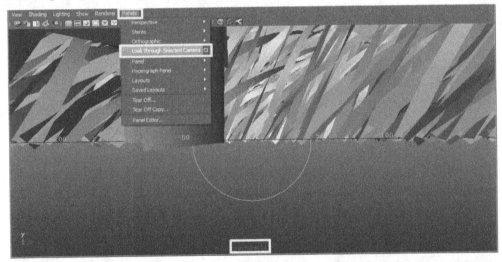

图 2-25

（3）在聚光灯视图中，正中间有一个圆圈，这就是聚光灯的照射范围，在圆圈内的物体才能被聚光灯照射到。

使用平移视图（组合键 Alt＋鼠标中键）和放缩视图（组合键 Alt＋鼠标右键），将聚光灯调整到场景的斜上方，保证场景中的所有物体都在正中间的圆圈内，即都在聚光灯的照射范围内，如图 2-26 所示。

（4）调整好聚光灯视角以后，在视图的菜单中执行 Panels→Perspective→Persp（透视图）命令，将视图切换回透视图。

保持对聚光灯的选择，按键盘的"Ctrl＋A"组合键，打开聚光灯的属性设置面板，修改"Intensity"（灯光强度）参数为 3，使场景更加亮一些。单击"Color"（灯光颜色）后的色块，打开颜色拾取器，将灯光颜色调整为浅蓝色，如图 2-27 所示。

图 2-26

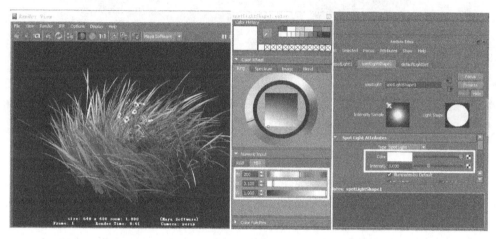

图 2-27

（5）现在为场景添加阴影效果。拖动聚光灯的属性面板，找到"Shadows"（阴影）卷轴栏，勾选"Use Depth Map Shadows"（使用深度贴图阴影），并对场景进行渲染，如图 2-28 所示。

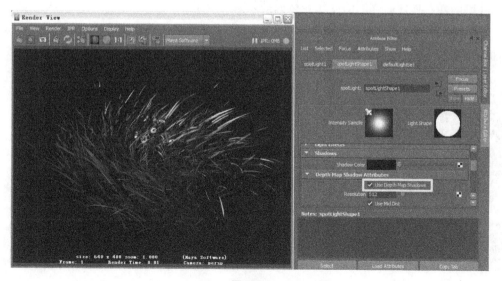

图 2-28

（6）渲染后会发现：场景中虽然有了阴影，但草地的暗部则变得漆黑一片，这是阴影挡住了一部分草地，现在我们需要对场景的暗部进行提亮。进入"rendering"（渲染）工具栏，单击第一个"Ambient Light"（环境灯）按钮，创建出一盏环境灯。在它的属性设置面板中，修改 Ambient Shade 为 0，将灯光颜色调整为很浅的橙色，如图 2-29 所示。

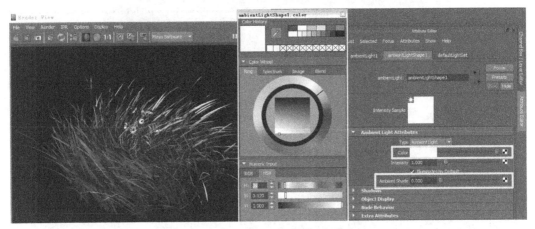

图 2-29

（7）渲染后能看到暗部已经被提亮了，现在来为场景添加一些特效。打开草地的属性设置面板，进入"grassClump1"面板，找到"Glow"卷轴栏，修改 Glow 参数为 0.5，修改 Glow Color 为金黄色，修改 Shadow Glow 参数为 0.04。

用同样的方法，打开花朵的属性设置面板，进入"sunflower1"面板，修改 Glow Color 为红色，修改 Shadow Glow 参数为 0.10。

然后对场景进行渲染，如图 2-30 所示。

可以看到场景中的草地和花朵都具有了辉光的效果，草地微微发黄色的光，而花朵则泛着红色的光。这样，我们的灯光和材质部分就完成了。

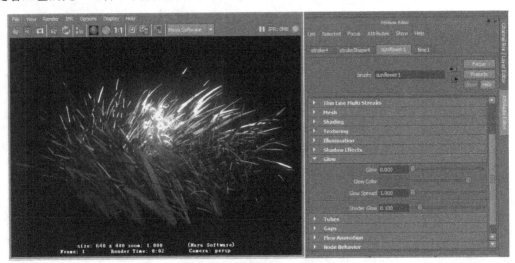

图 2-30

2.3.3 渲染和后期合成

（1）调整透视图的视角，准备进行最终的渲染输出，如图 2-31 所示。

图 2-31

（2）打开渲染设置面板，使用默认的"Maya Software"渲染器，在"Common"（公共属性）面板中，可以修改"Image Size"（图像尺寸）卷轴栏下的参数，以调整渲染图片的大小。再进入"Maya Software"面板，修改"Quality"为"Production quality"（产品质量），将渲染品质设置为最好，如图 2-32 所示。

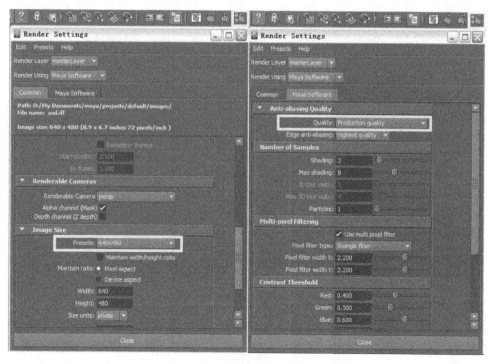

图 2-32

（3）单击渲染按钮进行渲染。执行渲染窗口的 File→Save Image（保存图像）命令，如图 2-33 所示，在弹出的"保存为"对话框中，将"File of type"设置为"Targa（﹡.tga）"格式，设置好保存路径和文件名后，单击"Save"按钮。

（4）之所以保存为.tga 格式，是因为.tga 格式能够保存图像中的 Alpha 通道，即透明背景。现在将保存好的图片在图形处理软件 Photoshop 中打开，会看到图像中黑色部分是透明的，这样就可以直接进行合成处理了，如图 2-34 所示。

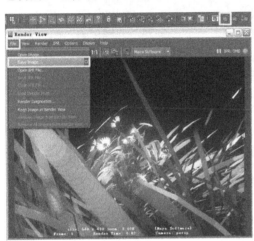

图 2-33　　　　　　　　　　　图 2-34

（5）现在打开一张天空的图片，并将它放在渲染图的下方，按键盘的"Ctrl＋T"组合键，调整天空背景的大小和位置，使两张图片的比例相对应，如图 2-35 所示。

图 2-35

（6）剩下的工作就是调整两个图层的曲线、色相、对比度和亮度，使两张图片很好地融合在一起。然后再使用裁切工具，将图片中下半部分裁掉，这样可以使构图更美些，如图 2-36 所示。

图 2-36

本 章 小 结

这一章对 Maya 常用的命令进行了介绍，因为实例只有两个，读者对这些命令肯定无法记得很牢固，因此本章可以作为工具书来使用，用到哪一部分时可以翻回去重新看一下。

作　业

1．在自己的计算机上安装 Maya 软件，并针对本章所介绍的 Maya 操作方法，对 Maya 进行简单的操作。

2．本章实例应该使读者对 Maya 的工作流程有一个简单的认识。现在可以使用所掌握的命令，用 Visor 菜单中的各项笔刷效果制作一个简单的场景。

3．将制作出来的场景使用分层渲染的方式进行渲染输出，并在 Photoshop 软件中进行拼合、调整，完成最后的作品。

第3章

曲面建模

Maya 的常用建模方式分为 3 种，即曲面建模（也称 Nurbs 建模）、多边形建模（也称 Polygon 建模）和细分建模。本章将要学习的是第一种——曲面建模。

用曲面建模方式制作出的模型属于 Nurbs 模型，它适合于制作工业模型，基本上都是依靠曲线来创建面，并最终组成模型。

Nurbs 模型在早期极为流行，原因就是可以通过 Renderman 渲染器对其进行优化设置，从而达到最快的渲染速度。但现在，随着硬件的不断升级，以及大量优秀渲染器的层出不穷，Nurbs 模型已不复当年的辉煌。目前动画的主流依然是 Polygon 模型。但 Nurbs 在制作一些特定的模型上有自身独特的优势，可以和 Polygon 模型互为补充。

现在就来学习曲面建模的方法。

3.1　各式各样的杯子

首先按"F4"键，进入 Surfaces 模块，先来学习常用的 Surface 命令面板中的命令，这些命令都是对曲线进行操作的，使之成为一个面。

3.1.1　Revolve 旋转成型命令

这个命令是使用一条曲线进行旋转，最终成为一个曲面模型。先执行 Create（创建）→ CV Curse Tool（CV 曲线工具）或 EP Curse Tool（EP 曲线工具）命令画出线，值得注意的是起始点都要在一条平行线上，然后运用这个命令，就可以使这条线进行旋转成型的操作，如图 3-1 所示。

对于 Revolve（旋转成型）命令，它常用于创建杯子，这是由这个命令本身的特性所决定的，它最适合创建圆口的东西。杯子和筒子、罐子、坛子都是圆口的，这也使得这个 Revolve（旋转成型）命令在创建这些东西的时候很方便。

下面使用这个命令，创建各式各样的杯子模型。

图 3-1

3.1.2 Revolve 旋转成型建模实例——创建杯子模型

（1）首先单击主菜单的 Create（创建）→CV Curve Tool（CV 曲线工具）后的小立方体标志，打开该命令的属性设置面板，设置 Curve Degree 为 3 Cubic，这样的设置会使曲线更加平滑，如图 3-2 所示。

图 3-2

（2）接下来切换到 Front 前视图，使用 CV Curve Tool（CV 曲线工具），在视图中绘制出杯子的剖面轮廓线，需要注意的是，在绘制最左边的点——起始点和结束点的时候，要按住键盘的"X"键，使点吸附在视图栅格的交叉点上，这是为了保持这些点在同一平行线上，为下一步的旋转成型做前期的准备，绘制完毕按"Enter"键，如图 3-3 所示。

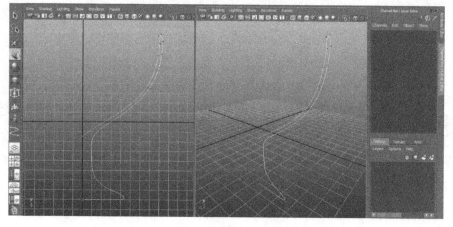

图 3-3

　　在绘制的时候按住"X"键，可以使绘制的点吸附在最近的栅格交叉点上。同理，移动的时候按住"X"键，也会把移动的物体吸附在栅格点上。

　　（3）如果对绘制好的曲线不满意，可以把鼠标放在曲线上，单击鼠标右键不放，在弹出的悬浮面板中选择 Control Vertex（控制点），使线段的控制点以紫色的方式显现出来，选择其中的某一个或多个点进行位置的调整。调整完毕在线的上面单击鼠标右键不放，在弹出的悬浮面板中选择 Select 返回到曲线的最高选择级别，如图 3-4 所示。

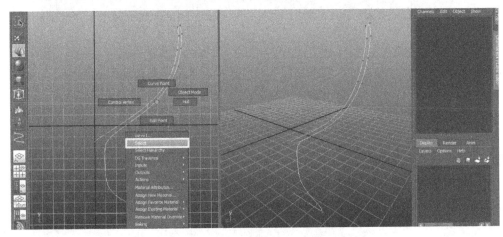

图 3-4

　　（4）选中曲线，单击主菜单的 Surface→Revolve（旋转成型）命令的小立方体标志，弹出 Revolve（旋转成型）的命令设置面板。确定 Axis Preset（旋转轴）为 Y 轴，设置一个数值稍微大一点的 Segments（片段数），它将决定旋转的圆滑程度，现在用的依然是默认的 8，如图 3-5 所示。

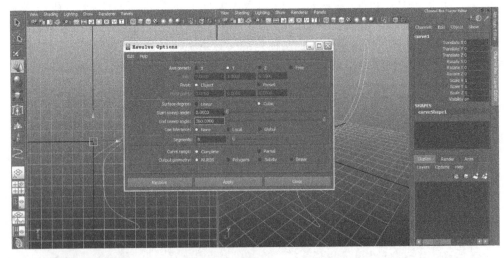

图 3-5

　　在它的属性设置面板中，不仅能设定上面所说的几个属性参数，还能设定旋转出来的模型类型，有 Nurbs、Polygons、Subdiv、Bezier 4 种类型可供选择。

（5）单击 Revolve（旋转成型）命令设置面板的"Apply"按钮，切换到透视图可以看到，刚才所绘制的线段经过旋转成型，已经变成了一个杯子的形状，如图 3-6 所示。

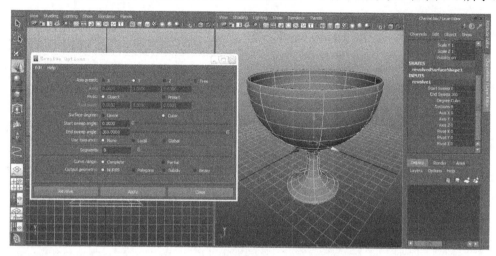

图 3-6

如果对模型不满意，可以选中刚才所创建的曲线，进入曲线的控制点级别，对该控制点进行移动，以改变杯子的形态。在修改的过程中，可以在视图中实时观看杯子的形态，因为现在杯子模型的历史记录还没有被删除，所以它们现在还是互相关联的。

如果很难在视图中选中曲线，可以执行主菜单的 Window→Outliner 命令，打开 Outliner（大纲窗口），这个窗口可以将场景中所有的物体都显示出来。单击其中的曲线，场景中相应的物体也会被选中，这样就可以对曲线进行调整了。

调整完毕，可以选中杯子的模型，执行主菜单的 Edit（编辑）→Delete By All（删除所有）→History（历史记录）命令，删除杯子的历史记录，这样就可以打断曲线和杯子模型的链接。此时，一个杯子就完整地创建好了。

接下来可以发挥自己的想象力，做出各种各样的杯子，如图 3-7 所示。

图 3-7

3.2 多线的曲面编辑工具

3.2.1 Loft 放样工具

放样工具也是很常用的建模工具，只要给出不同位置的轮廓线，按次序选择这些轮廓线，执行该命令就可以自动生成模型。现在用一个例子说明一下。

首先选择工具栏的 Curves（曲线）项，单击最前面的圆形曲线，创建出 3 个圆形曲线，如图 3-8 所示。

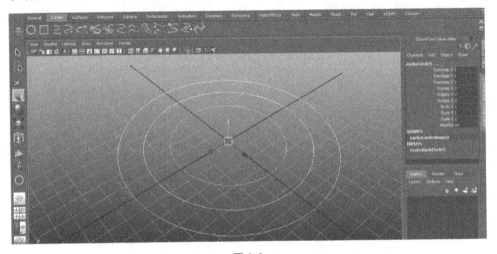

图 3-8

对创建出来的 3 个圆形曲线进行位置上的移动，由下到上将位置拉开，如图 3-9 所示。

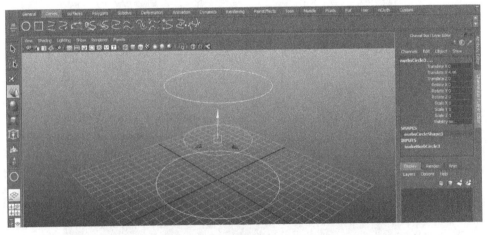

图 3-9

按住 Shift 键依次选择 3 条曲线，可以按照从上到下或从下到上的顺序依次选择。记住，绝对不要先选择中间再选择两边的，即不能跳着选择，否则系统会不清楚究竟怎样生成模型，然后执行 Surfaces→Loft（放样）命令，这时就可以看到一个新模型产生了，单击键盘的"3"和"5"键进行实体显示，可以看到这是按照物体的轮廓线进行创建的。不管创建多少个轮廓线，只要依次选择，再单击 Loft 命令，就可以形成一个模型了，如图 3-10 所示。

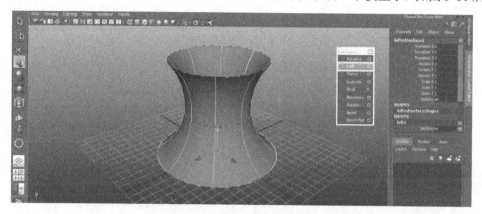

图 3-10

如果希望对模型进行一些修改，也可以选中那 3 个圆形曲线，进行放缩、位移或旋转处理，如图 3-11 所示。

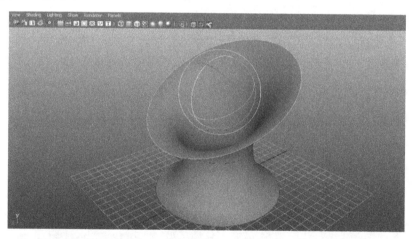

图 3-11

3.2.2　Planar 成面工具

这是一个将曲线封闭成面的命令。

先来创建一个圆形，然后执行 Surfaces 工具栏下的 Planar 命令后的小立方体，打开 Planar 的工具设置面板。在设置中可以选择生成 Nurbs 面或是 Polygon 面。如果是生成 Polygon 还可以选择生成三角面或四边面，同时还可以设置生成面的数量等一系列的子命令。每一个设置都会产生不同性质的面，这就是 Maya 方便的地方，虽然命令比较烦琐，但是依然可以根据一些子命令将模型调整成为自己所需要的样子，如图 3-12 所示。

图 3-12

3.2.3 Extrude 挤压成型实例——牛角

这是将一条封闭的曲线挤压成一个物体的命令。可以来看下面的例子，做一只牛角。

（1）首先创建一个圆形，然后使用 CV 曲线工具绘制出如图 3-13 所示的曲线。

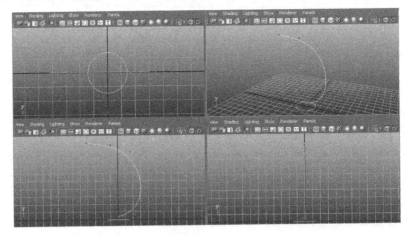

图 3-13

（2）然后选择圆形和曲线，单击 Extrude（挤压成型）命令后的小立方体标志，从它的工具设置面板中可以看到，有很多种不同类型的设置。在最上面的 Style（类型）中选择 Tube 类型，这样生出的形态是一头粗一头细的，调节性很强。在 Result Position（挤压位置）选择 At Path（以路径为准），这样挤压出来的模型就会以设置的路径的位置为主，即以那条 CV 曲线为标准。单击"Apply"按钮，生成结果如图 3-14 所示。

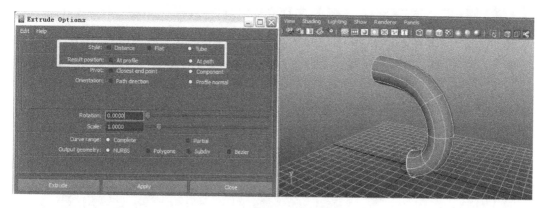

图 3-14

这个命令的作用其实就是以一条封闭的曲线作为剖面，以一条不封闭的曲线为路径（也可以不要路径，但挤压出来的物体就会直上直下的），然后挤压成一个物体，这也是一种很常用的建模方法。

需要注意的是，要进行有路径的挤压时，在 Result Position 要选择好是 At Path（以路径为准）还是 At Profile（以剖面为准）。

（3）这时可以看到右侧的属性面板中，有挤压以后的历史记录，在这里还可以对一系列的参数进行调整，其中就有挤压类型，单击会出现一个下拉菜单，可以进行选择，如图 3-15 所示。

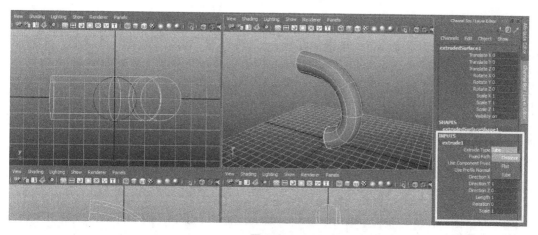

图 3-15

（4）把 Rotation（旋转角度）调节成 360°，再把 Scale（放缩）调节为 0，这时可以看到图中挤压出来的模型发生了变化，挤压的顶端变得极细，模型也进行了 360° 的旋转，一个牛角做好了，如图 3-16 所示。

按键盘上的"3"和"5"键转换到精度模式可以看到更细腻的模型，源文件见 3-2-Extrude-ok.mb。

从刚才的调节中不难看出，Cube 挤压类型的好处就是可调性很强，可以挤压出类似于圆锥的效果，这是一种很常用同时也是很好用的一种建模方法。

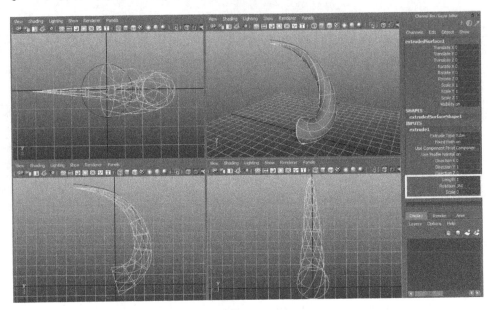

图 3-16

本 章 小 结

这一章简单地介绍了 Maya 的曲面建模。正如前文中所介绍的一样，曲面建模主要用于工业产品的制作中，这主要是因为 Nurbs 建模有着良好的精度，它与 Polygon 多边形建模的区别，就相当于平面中矢量图和位图的区别。前者无论放大多少倍，它依然能够保持精度。

作　业

1．环顾四周，找一件日常生活用品，将它在 Maya 中制作出来。

2．创建一张简单的桌子，用所学到的命令，将桌子上应该有的东西都创建出来，并在桌子上摆放整齐。

3．使用本章所学到的命令，重新制作一把造型复杂的宝剑。

Polygon 模型

在相当长的一段时间内，电影级别的三维动画都是由 Nurbs 完成建模的，这是因为欧美绝大多数的电影动画公司，都是使用 Pixar 公司的 Renderman 渲染器进行最后的渲染输出的。

Nurbs 最致命的缺点是建模结束后的后期工作，在贴图坐标的设定、蒙皮及权重的绘制、动画效果的制作都要比 Polygon 模型需要更长的时间。目前 Polygon 逐渐成为建模的主流。它的突出优点就是易掌握、便于后期制作。对于 Polygon 这种建模方式，初学者只要掌握十几个命令，再加上一些美术功底，就可以开始制作电影级别的模型了。

目前世界上大多数的三维动画是由 Polygon 来进行建模的。图 4-1、图 4-2、图 4-3 是《最终幻想》这部动画电影的角色模型和 Polygon 线框图。

图 4-1

图 4-2

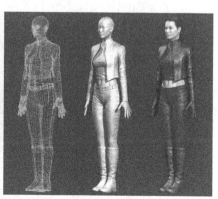

图 4-3

4.1 Polygon 模型简述

Polygon 在中国被翻译为多边形，它可以简单地分为点、线、面 3 个子级别，也可以这么说：多边形建模就是通过调整点、线、面而达到最终的模型效果的。

在 Maya 视图中新建一个 Polygon 模型，把鼠标放在模型上，单击鼠标右键不要松开，这时会弹出浮动的面板，Vertex 代表模型的点级别，Edge 代表模型的线级别，Face 则代表模型的面级别，如图 4-4 所示。

在浮动面板中分别选择 Vertex（点级别）、Edge（线级别）、Face（面级别），可以进入模型相应的子级别中，并且可以选中一些点、线、面，使用移动、旋转、放缩工具可以对它们进行操作，从而进行模型的修改和改变，如图 4-5 所示。

图 4-4

点级别　　　　线级别　　　　面级别

图 4-5

除此之外，还可以通过顶部的菜单栏进入各个级别，具体操作如图 4-6 所示。

几乎所有的 Polygon 命令都和点、线、面有关，下面的内容将使我们认识一些常用的命令。首先是第一个实例——皮克斯台灯（如图 4-7 所示）所用到的多边形命令。

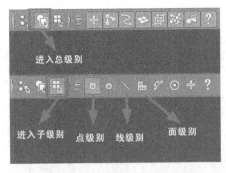

进入总级别

进入子级别　点级别　线级别　　　面级别

图 4-6

图 4-7

（1）Create Polygon Tool（创建多边形工具）：它可以直接在视图中绘制出一个平面多边形，如图 4-8 所示。

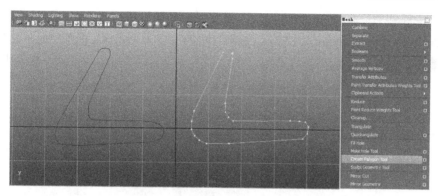

图 4-8

（2）Extrude（挤压）：它可以将模型上的一个平面、一条线段甚至一个点，挤压出一段多边形模型，如图 4-9 所示。

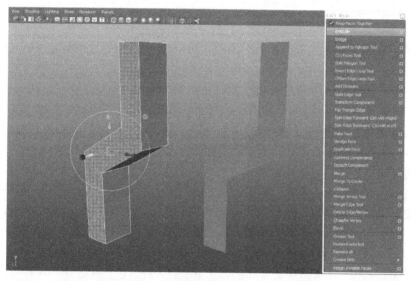

图 4-9

（3）Bevel（倒角）：该命令可以使模型的边缘生成一个较小的转折面，从而使模型边缘的过渡变得柔和，这样也会在打灯光时，使模型的轮廓线更加清晰、体积感更强，如图 4-10 所示。

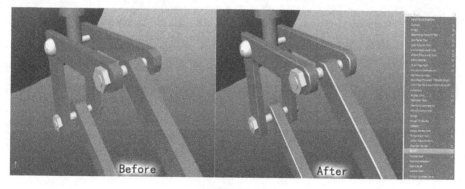

图 4-10

（4）Booleans（布尔运算）：布尔运算中有 3 种不同的运算方法，分别为 Union（合并）、Differens（相减）、Intersection（相交）。这是针对两个以上 Polygon 模型进行的运算方法。Union（合并）是将不同的模型合并为一个模型的运算，Differens（相减）是其中一个模型减去另一个模型的运算，Intersection（相交）则是模型相交的部分，如图 4-11 所示。

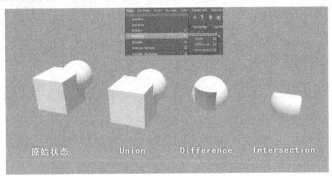

图 4-11

这些就是即将制作皮克斯台灯所用到的多边形命令，再加上前面学过的一些命令就足够了。

下面来看一下制作一个角色的模型需要用到的命令，和作皮克斯台灯用到的相同命令就不再重复了。

（1）Split Polygon Tool（划分多边形工具）：用线在多边形的表面进行划分，从而得出更多的点、线、面，便于调整细节，这个命令在角色建模中是使用次数最多的命令，如图 4-12 所示。

（2）Insert Edge Loop Tool（插入循环线工具）：这个命令和上一个 Split Polygon Tool（划分多边形工具）的作用是一样的，所不同的是它可以同时在多个面进行划分，但只限于相邻且面数相同的面，最好为 4 边面，在面数太多的情况下容易出一些问题，需要结合 Split Polygon Tool（划分多边形工具）来使用，如图 4-13 所示。

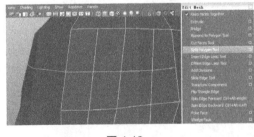

图 4-12　　　　　　　　　　　　　图 4-13

（3）Subdiv Proxy（细分代理）：这个命令最大的作用不是在建模上，而是在建模的过程中，通过它来实现模型的细分，可以让建模人员在制作低精度模型的时候，能够同步地看到模型光滑后的效果，如图 4-14 所示。

（4）Merge（合并）：这个命令可以让模型的多个点、线、面等子级别，合并为一个子级别，如图 4-15 所示。

（5）Combine（结合）：它可以使多个独立的 Polygon 模型，结合为一个独立的 Polygon 模型，如图 4-16 所示。

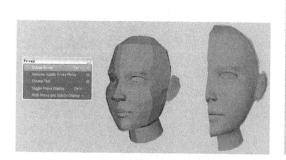

图 4-14

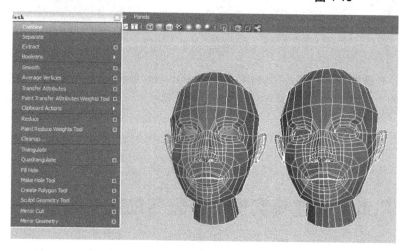

图 4-15

图 4-16

（6）Append to Polygon Tool（补面）：这个命令没有按照它的英文意思来翻译，实际上它的作用就是补面。在 Polygon 模型出现缺口时，这个命令可以为缺口补多个面使缺口合拢，如图 4-17 所示。

（7）Smooth（光滑）：在制作完低精度模型后，可以使用该命令，使模型的面数成倍增加，从而达到使模型光滑的目的，如图 4-18 所示。

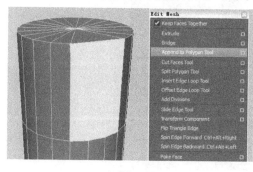

图 4-17

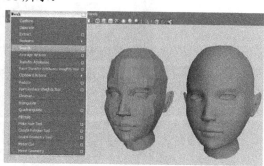

图 4-18

（8）Sculpt Geometry Tool（雕塑模型工具）：该命令是 Maya 的特色工具，可以使用笔刷像雕塑油泥一样，使模型完成局部的凹凸和光滑效果，如图 4-19 所示。

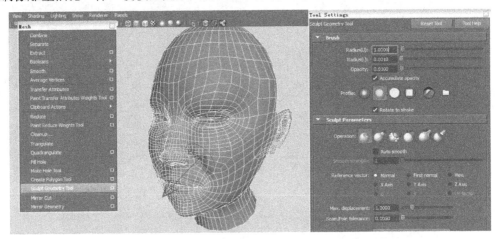

图 4-19

以上就是本章两个实例要涉及的所有关于 Polygon 的命令。如果能够认真地完成本章的两个实例，并理解所有涉及的命令的用法，那么，几乎就没有什么模型能够难住你了。

4.2　Polygon 建模实例——著名的皮克斯台灯

即便有人不知道 Pixar（皮克斯）动画公司，但绝对知道他们的动画作品，那些家喻户晓的动画电影已经证明了他们的实力：《玩具总动员》、《海底总动员》、《超人总动员》、《料理鼠王》、《怪物公司》、《WALL·E》等，如图 4-20 所示。

图 4-20

　　有人曾经认为，Pixar（皮克斯）动画公司可以称为是一所继迪斯尼公司之后，对动画电影历史影响最深的公司。几乎每部 Pixar（皮克斯）动画片的片头，都会出现一个蹦跳着的可爱小台灯，这也是 Pixar（皮克斯）公司的标志，如图 4-21 所示。

图 4-21

　　下面就一起来在 Maya 中制作这个小台灯。

4.2.1　灯头、灯泡和灯座的创建

　　对于灯头和灯座，像前面所学过的制作杯子的方法，即旋转成型命令无疑是最合适的。

　　（1）使用曲线工具，沿着中轴线绘制出灯头的剖面，注意起始点和结束点要分开，不要结合在一起，如图 4-22 所示。

图 4-22

　　（2）选中曲线，在 Surfaces 模块中，执行菜单中的 Surfaces→Revolve 命令，将曲线旋转成型。如发现有问题则选中原始曲线，进入点级别进行修改，修改完毕的模型如图 4-23 所示。

　　（3）使用同样的方法制作台灯的底座，需要注意的是，台灯底座的上方要留有一个小凹槽，便于后面制作连接灯座部分时插入，如图 4-24 所示。

图 4-23

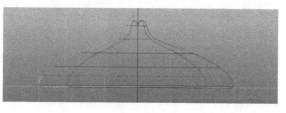

图 4-24

　　（4）灯泡部分是使用一个 Nurbs 球，进入点级别修改完成的。选中灯头、灯泡和灯座模型，执行菜单中的 Edit→Delete All by Type→History 命令，将模型的历史记录全部删掉。

再选中旋转成型的曲线，将它们删除。调整好 3 个模型在场景中的位置，如图 4-25 所示。

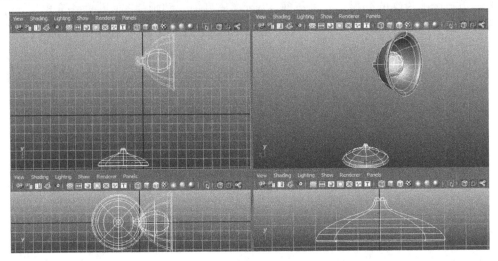

图 4-25

4.2.2 灯臂的创建

（1）灯臂都是小零件，现在就要使用前面所介绍过的命令了。执行 Polygons 模块下 Mesh→Create Polygon Tool 命令，在前视图中慢慢绘制出灯头连接处的零件剖面形状，由于零件两边都是圆头，因此需要在绘制这一部分的时候，多加入一些点。绘制完毕后按键盘的 "Enter" 键即可，然后使用移动工具将它放置在灯头侧下方。这时如果发现移动杠杆距离模型太远，可执行 Modify→Center Pivot 命令，使其中心点放置在模型的正中心，如图 4-26 所示。

（2）进入它的面级别，并选中唯一的那个面，执行 Polygons 模块下 Edit Mesh→Extrude 命令，在操作杆中使用移动工具，将它的厚度拉出来，如图 4-27 所示。

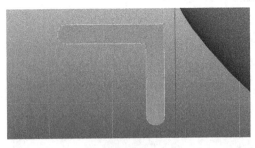

图 4-26

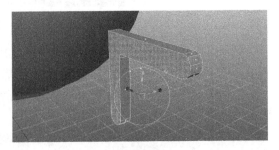

图 4-27

（3）对于一名优秀的模型师，他需要具备两种本领：一种是将复杂的简单化，这主要针对工作流程，能够将复杂的工作流程，按照一定的方法进行统筹化处理，使之变得简单有效可行；另一种本领是将简单的复杂化，这主要针对模型，模型的细节决定了画面的丰富程度。怎样为模型增加更多的细节，就依赖模型师的想象了。

现在我们需要为模型增加一些细节。回到模型的顶级别，执行 Polygons 模块下 Edit Mesh→Bevel 命令，制作模型的倒角，增加模型的细节，如图 4-28 所示。

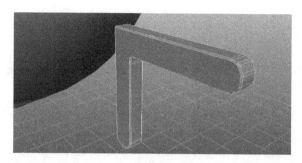

图 4-28

（4）将模型再复制出来一个，让两个零件并排放置在灯头的侧下方，如图 4-29 所示。

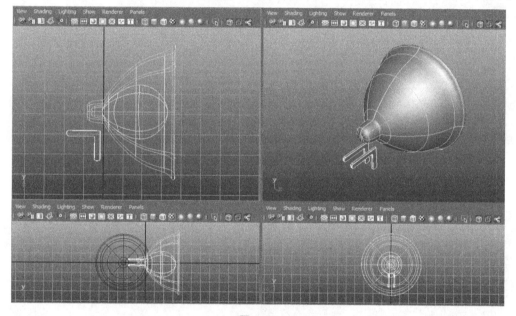

图 4-29

（5）创建 5 个 Polygon 圆柱体，使用放缩、移动、旋转工具，把它们放置在合适的位置上，作为灯头和灯臂、灯臂之间的连接结构，如图 4-30 所示。

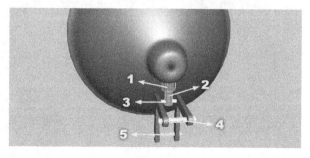

图 4-30

（6）重复前面制作零件的步骤，继续做出灯臂的第二个零件，在绘制时依然要注意零件的圆角部分，之后挤压、倒角，再复制出来一个，将它们放置在合适的位置上，如图 4-31 所示。

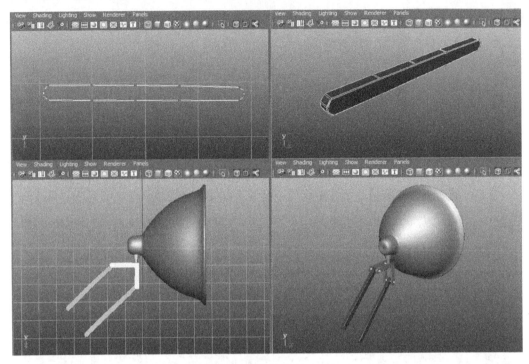

图 4-31

（7）继续制作灯臂的第三个零件，并将它们放置在合适的位置上，如图 4-32 所示。

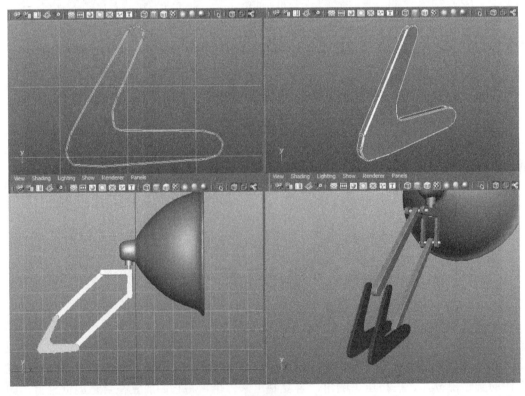

图 4-32

（8）接下来要做一个比较复杂的零件。在前面几个零件的制作中，都是在前视图中绘制剖面，下面这个零件有一个较大的转折，因此需要在侧视图中进行绘制。

绘制出剖面以后，由于需要它是圆角，因此需要进行多次挤压：第一次挤压完毕后稍稍沿着纵向放大一些，第二次则放得稍小一些，第三次要缩得稍小一些，第四次挤压要缩得多一些，这样可以完成圆角的制作，之后再进行一次倒角处理，如图4-33所示。

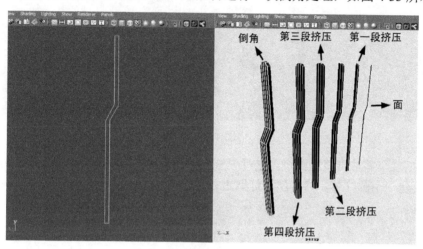

图 4-33

（9）将制作好的这个零件放置在合适的位置上，再复制另外一侧相同的零件的时候，由于它们是对称的，因此普通的复制并不能够达到我们的要求。进入 Edit→Duplicate Special 的属性设置面板中，修改 Scale 后面的第三个窗口的 1 为–1，即使模型在 Z 轴向上进行镜像复制，这样就完成了这个特殊的复制。

调整一下它们的位置，并在各零件之间用圆柱体做一下连接，保证结构的准确性，如图4-34所示。

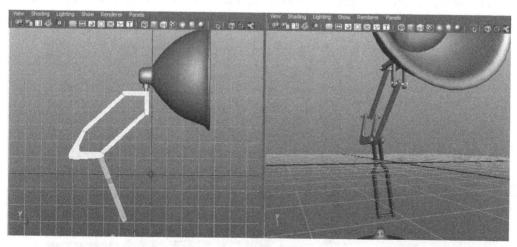

图 4-34

（10）将步骤（6）中做好的这个零件复制 3 个，分别进行放缩和旋转，放置在灯臂下部，如图4-35所示。

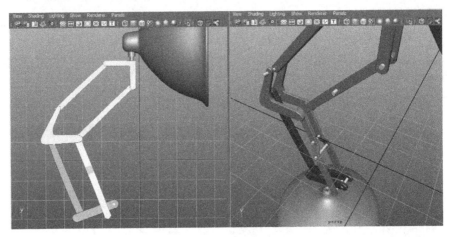

图 4-35

（11）把这个零件再复制两个，进行设置后，放置在灯臂最下方，做好与灯座连接的桥梁。再新建一个圆柱体，将灯座与灯臂进行连接，如图 4-36 所示。

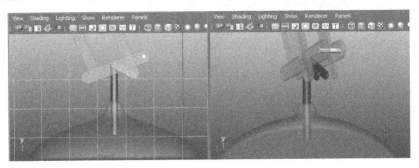

图 4-36

（12）新建或复制前面所创建的 Polygon 圆柱体，调整大小、角度和位置，将各零部件进行连接，如图 4-37 所示。

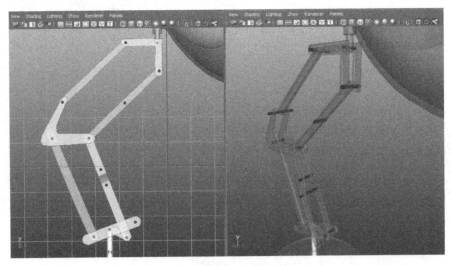

图 4-37

现在已经完成了台灯的主体结构，接下来将为它添加更多的细节。

4.2.3　细节的制作

在前面，模型的细节部分添加了很多，接下来的细节部分则是极小的零件——螺丝和弹簧。

（1）先来制作螺丝。新建一个 Polygon 圆球，再新建一个 Polygon 立方体，将圆球的一半放置在立方体内，先选中圆球模型，再按键盘上的"Shift"键选中立方体模型，执行 Polygon 模块下的 Mesh→Booleans→Differens 命令，将两个模型进行布尔运算，从而得到一个半球体，如图 4-38 所示。

（2）创建两个小的 Polygon 立方体，先选中半圆，再按"Shift"键选中其中一个立方体，依然执行 Polygon 模块下的 Mesh→Booleans→Differens 命令，进行相减的布尔运算，然后再对另一个立方体使用相同的布尔运算，结果如图 4-39 所示。

（3）将做好的螺丝模型进行复制，分别放置在连接各零件的圆柱模型的两侧，结果如图 4-40 所示。

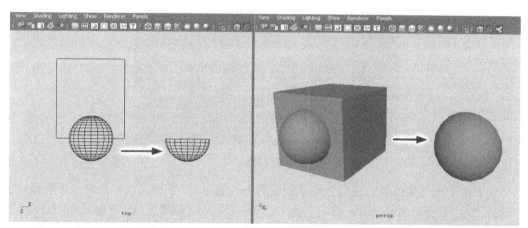

图 4-38

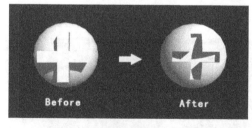

图 4-39

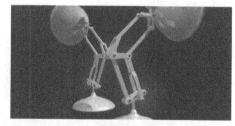

图 4-40

（4）接着创建螺丝帽模型。新建一个 Polygon 圆柱形，调整 Subdivisions Axis 为 6，将它变成一个六边形，结果如图 4-41 所示。

（5）再新建一个 Polygon 圆柱形，将它放置在第一个圆柱形的中间，将两个模型进行布尔运算，得出螺丝帽的模型，如图 4-42 所示。

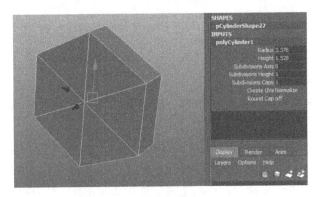

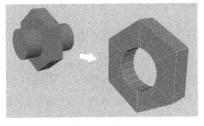

图 4-41   图 4-42

（6）将做好的螺丝帽模型进行复制，分别放置在连接各零件的圆柱模型的两侧。在创建了两种零部件——螺丝和螺丝帽后，哪些连接应该放置螺丝，而哪些连接需要放置螺丝帽呢？

读者可以根据自己的理解，在固定不动的连接处放置螺丝，而在以后做动画需要进行旋转的地方放置螺丝帽，结果如图 4-43 所示。

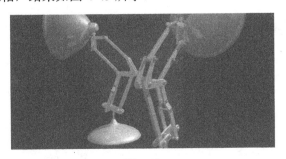

图 4-43

（7）接下来制作弹簧。在前视图或侧视图中，使用 EP 曲线工具，绘制一条笔直向上的线条。选中线条，在 Surfaces 模块下，打开 Edit Curves（编辑曲线）→Rebuild Curve（重建曲线）的命令设置面板，设置 Number of spans 参数为 70，这样这条曲线就会由 70 个片段组成，如图 4-44 所示。

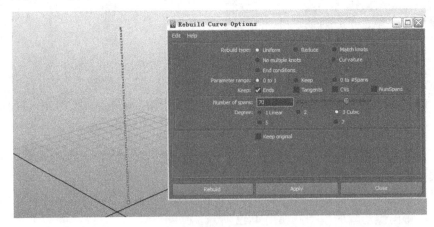

图 4-44

（8）选中曲线，在 Animation 模块下，执行 Create Deformers（创建变形器）→Nonlinear→Twist（扭曲）命令，将新创建出来的扭曲变形器和原先的曲线拉开一段距离，如图 4-45 所示。

（9）选中变形器，按键盘的"T"键，变形器的头和尾都会出现一个调整杠杆，在透视图中用鼠标按着杠杆，不断进行顺时针或逆时针的运动，直到原先的曲线被扭曲为一根弹簧的形状，如图 4-46 所示。

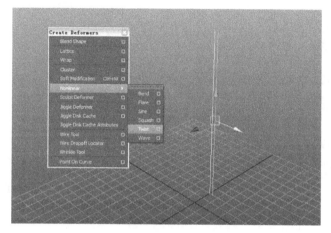

图 4-45

图 4-46

（10）选中曲线并删除它的历史记录，新建一个很小的圆形曲线，并按"Shift"键选中螺旋曲线，在 Surfaces 菜单下，打开 Surfaces→Extrude（挤压）的命令设置面板，按如图 4-47 所示设置好参数，单击"Apply"按钮。如发现弹簧太粗，则调整圆形曲线的半径，如图 4-47 所示。

（11）调整弹簧的大小，并使用旋转和移动工具，将它们放置在台灯相应的位置上，至此，台灯的建模部分就基本完成了，如图 4-48 所示。

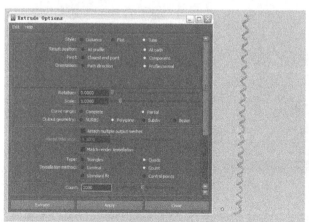

图 4-47

图 4-48

可以参见 4-3-lamp-ok.mb。

4.3 Polygon 建模实例——精细室外场景

在接下来的练习中，将制作一个简单的室外小楼阁场景，最终效果如图 4-49 所示。

图 4-49

4.3.1 屋顶的创建

（1）首先来制作屋顶的瓦片。执行 Polygons 模块下 Mesh→Create Polygon Tool 命令，在前视图中绘制出瓦片的剖面，如图 4-50 所示。

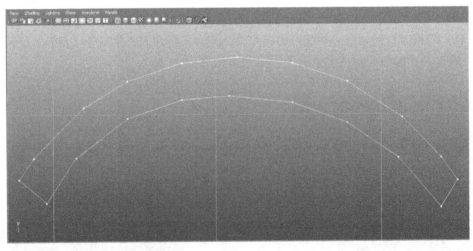

图 4-50

（2）进入它的面级别，并选中该面，执行 Polygons 模块下 Edit Mesh→Extrude 命令，在操作杆中使用移动工具，将它的厚度拉出来，如图 4-51 所示。

（3）选中模型，按下组合键"Ctrl+D"，复制出一个相同的模型，并在右侧通道栏中将 Scale 值修改为-1，使该模型反转，并将它移动到合适的位置，如图 4-52 所示。

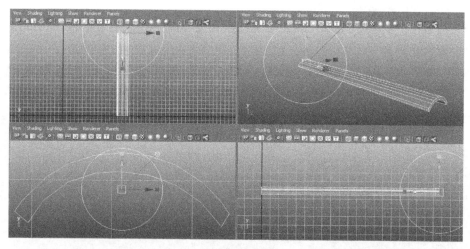

图 4-51

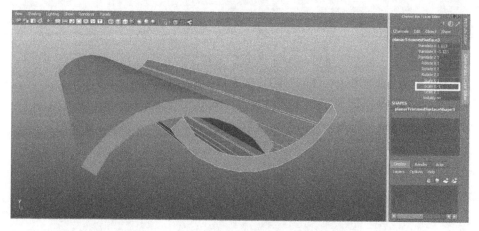

图 4-52

（4）选中两个模型，将它们多复制几组，并排列好顺序，作为屋顶的瓦片，如图 4-53 所示。

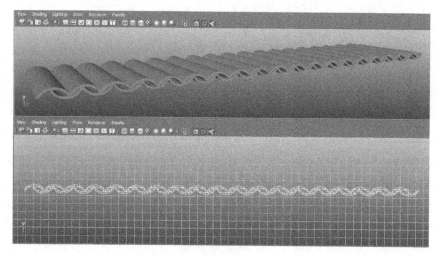

图 4-53

（5）创建一个多边形 Plane（平面），调整其长宽与瓦片群一致，并将它移动到瓦片群的下方，如图 4-54 所示。

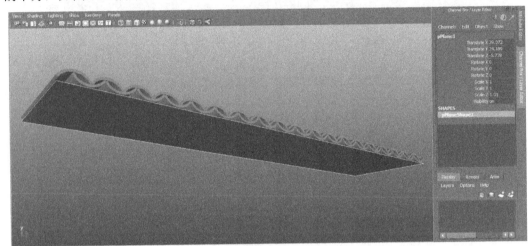

图 4-54

（6）创建多边形 Cylinder（圆柱体），将其调整为细长状，并放置在瓦片的下方，如图 4-55 所示。

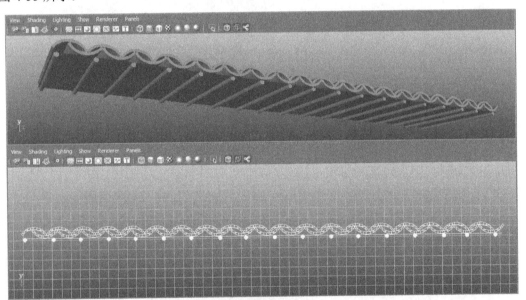

图 4-55

（7）再创建 4 个多边形 Cube（立方体），并执行 Edit Mesh→Bevel 命令，为立方体添加倒角效果，再将它们分别放置在如图 4-56 所示的位置上，作为支撑屋顶的结构。

（8）创建一个大的多边形 Cube（立方体），放置在屋顶的后面，使用 Polygon 模块下的 Mesh→Booleans 命令将它挖出一个四边形的洞，作为楼阁的窗户，如图 4-57 所示。

（9）再创建一个多边形 Cube（立方体），放置在窗户的上方，作为窗檐，渲染测试效果如图 4-58 所示。

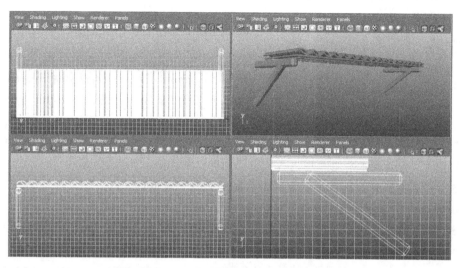

图 4-56

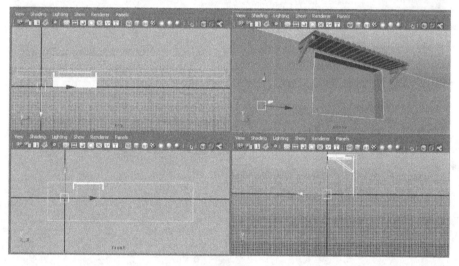

图 4-57

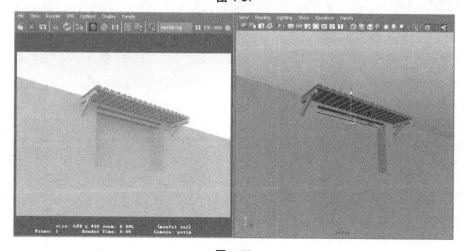

图 4-58

4.3.2　平台的创建

（1）首先创建一个多边形 Cube（立方体），调整宽长，作为平台的地面摆放好。再创建一个多边形 Cylinder（圆柱体），将它的片段数调高，以便于制作细节。选中该圆柱体，在 Polygons 模块下，单击 Mesh→Sculpt Geometry Tool（雕塑模型工具）命令后面的属性设置按钮，打开命令设置面板，修改 Opacity 值为 0.01，降低笔刷的强度，然后在圆柱体上进行绘制，为圆柱体添加一些凹凸效果，如图 4-59 所示。

（2）将调整好的圆柱体进行复制，分别放置在平台的四个角，以及平台的下方，如图 4-60 所示。

（3）创建多边形 Cube（立方体），将其调整为细长状，分别对四个角的圆柱体进行连接，制作成平台的扶手，如图 4-61 所示。

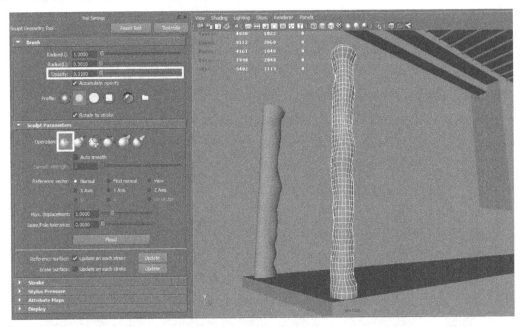

图 4-59

图 4-60

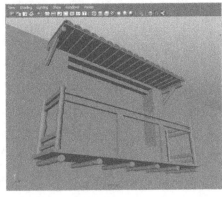

图 4-61

4.3.3　细节的制作

（1）先来制作平台正面的装饰板。打开 Photoshop 软件，在新建的画布上绘制如图 4-62 所示的图案，然后在选中该图案的前提下，单击路径面板下面的"创建被选择物体工作路径"按钮，生成一个新的工作路径，再执行 Photoshop 菜单的文件→输出→路径到 Illustrator 命令，将该路径导出为 ai 格式的文件，该文件为参见 ps.ai，如图 4-62 所示。

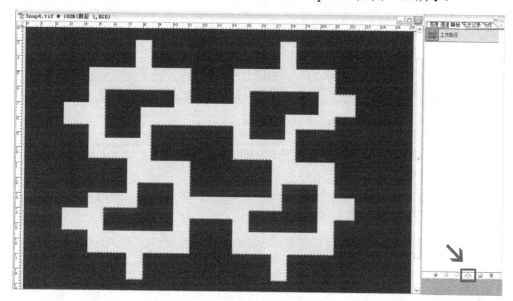

图 4-62

（2）单击 Maya 菜单的 File→Import 命令后面的设置面板，在 Import 面板中，选中刚才生成的 ai 文件，并勾选右侧的 Group 选项，使导入的路径自动成组，再单击右下角的"Import"键导入，如图 4-63 所示。

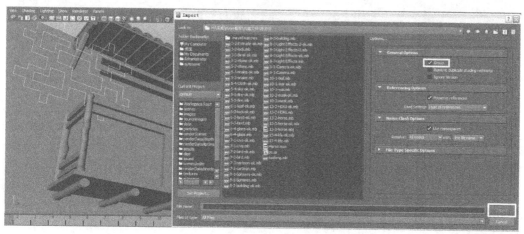

图 4-63

（3）选中路径，将它移动到相应位置，并进行放缩及其他调整，在 Surfaces 模块下，打开 Surfaces→Bevel Plus 的设置面板，选择合适的类型进行倒角，生成模型，如图 4-64 所示。

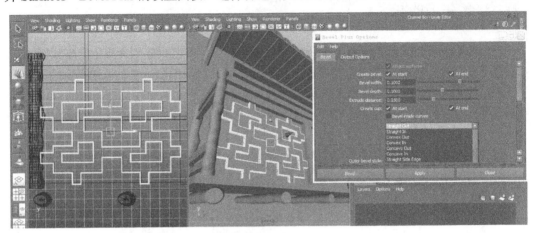

图 4-64

（4）选中生成的模型，按下"Ctrl+D"键进行复制，并排放在平台的前面，并调整好整体大小，如图 4-65 所示。

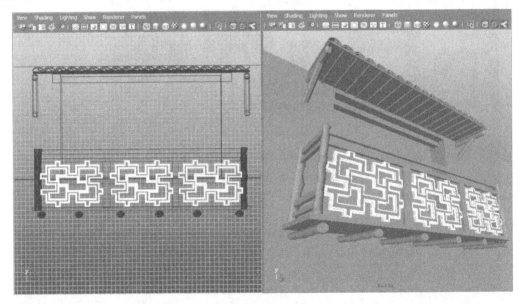

图 4-65

（5）接着来制作顶部的灯笼。先来制作灯笼的挂钩，执行 Create→CV Curve Tool（创建 CV 曲线工具）命令，在视图中绘制挂钩的路径，再执行 Create→Nurbs Primitives→Circle（圆形）命令，新建一个圆形并缩小。

先选中圆形，按着"Shift"键再选中挂钩路径的曲线，在 Surfaces 模块下，打开 Surfaces→Extrude（挤压）的设置面板，设置其 Result Position 为 At Path，Pivot 为 Component，单击 Apply 执行，得到挂钩的模型。

这时会发现模型的轴心点在场景中心，执行 Modify→Center Pivot 命令，将该模型轴心点移至模型正中心。使用移动工具将其挂在阁楼上，如图 4-66 所示。

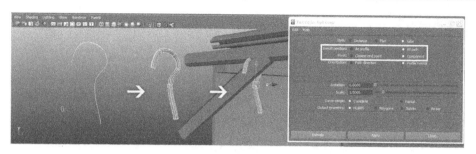

图 4-66

（6）依然使用 CV Curve Tool（创建 CV 曲线工具）命令，绘制灯笼的外轮廓线，打开 Surfaces→Revolve（旋转成型）的设置面板，设置其 Output geometry 为 Polygons，Type 为 Quads（四边面），Tessellation method 为 Count，并设置 Count 的参数为 400，即生成的多边形模型为 400 个四边面，单击 Apply 执行，得到灯笼模型，并将它移动到挂钩的下面，如图 4-67 所示。

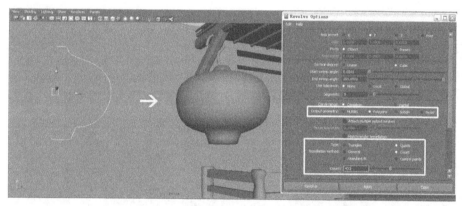

图 4-67

（7）将灯笼和挂钩复制，放置在阁楼的另一端，这样整个场景就制作完成了，最终效果如图 4-68 所示。

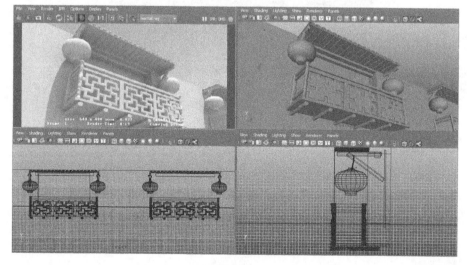

图 4-68

该练习的最终源文件参见 4-3-scenes-ok.mb。

本 章 小 结

本章着重介绍了 Maya 在多边形建模方面的强大功能。其实，所有的软件和命令都只不过是工具，而最终对作品起决定作用的还是操作者本身的个人修养，只有在这个方面提高了，才能够成为一名设计员。

在所有的制作中，也许漫长的制作过程会给人带来枯燥乏味之感，甚至不愿意再继续做下去，而这却是一件好作品诞生的必经之路。

作 业

1．使用本章所学到的 Polygon 建模命令，制作一部手机，要求将所有的细节都制作出来，包括按钮、倒角等。图 4-69 为范例效果。

图 4-69

2．制作一个简单的室内场景，可以是自己的寝室，也可以是教室，要求把所有的物体都创建出来并摆放好，包括吊灯、风扇、台阶等。

3．将自己所在的教学楼创建出来，同样要求包括尽可能多的细节。

第5章

角色建模

对于学习三维动画的人而言，创造出一个属于自己的角色是每位初学者的梦想。动画角色大体可以分为 3 类：一类是写实类的，即能够把角色制作得十分真实，就像真的生活在现实生活中一样，这类角色的结构一般都极为精确，精确到每一块肌肉、每一根血管，甚至衣服上的褶皱，下面的作品都是写实类中的佼佼者，如图 5-1、图 5-2、图 5-3、图 5-4所示。

图 5-1

图 5-2

图 5-3

图 5-4

另一类则是卡通型的。它们是在真实基础上，弱化了结构、肌肉等，主要强调甚至夸张了五官、四肢，使角色看起来更加可爱，如图 5-5、图 5-6、图 5-7、图 5-8所示。

图 5-5

图 5-6

图 5-7 图 5-8

还有一类是属于超现实的角色。这种风格是在真实的结构、骨骼、肌肉、质感的基础上进一步进行夸张，如图 5-9、图 5-10、图 5-11、图 5-12 所示。

图 5-9 图 5-10 图 5-11 图 5-12

看了这么多很优秀的作品，相信从事动画的人都会有一种创建属于自己的角色的冲动。

5.1　前期准备工作

无论角色是写实的还是卡通的，头部的结构是必须了解的，这样才能够做出真实可信的角色。对于学过美术的 Maya 初学者，尤其是画过头像素描的，可能对头部的结构有一定的了解。如果是没有美术功底的 Maya 初学者，最好找一些相关的书籍来看一下，例如伯里曼的《人体结构绘画教学》，以及安德鲁·路米斯的《人体结构教程》。

虽然都是使用 Polygon 来进行建模，但制作头像的过程也有很多种，接下来使用的建模方式是一种较容易掌握的方式。

先来看下面这张速写头像绘制过程的图，会发现都是从一个最基本的圆形开始，逐步深入，最后刻画出五官并完成的，如图 5-13 所示。

我们的建模方法也是按照这种方式，先用一个圆形刻画出大体，然后再逐步深入完成。但在制作之前，还需要做一些准备工作。

无论美术基础有多深厚，对于制作三维头像而言，第一次总是会很吃力的，因此可以先找一些正面和侧面的图，放置在 Maya 中作为参考面板。可能会有些人希望能够把自己或者好友的头像在 Maya 中还原出来，也可以使用照相机拍摄人物的正面和侧面，但拍摄的时候最好把额头和耳朵都露出来。

拍摄完后需要在 Photoshop 软件中进行定位：将两张图片重叠在一起，并修改透明度，使两张图片都能看到。然后拉出参考线，分别定位头顶、眉毛、上眼皮、眼角、下眼皮、鼻底、嘴角、下巴的位置，使两张图片的各部位都保持在同一水平线上，并将正面图和侧面图分别保存，如图 5-14 所示。

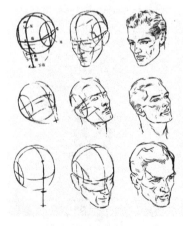

图 5-13

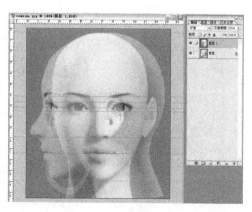

图 5-14

现在来看怎样在 Maya 中制作参考板。

（1）在前视图菜单中执行 View（视图）→Select Camera（选择摄像机）命令，然后按键盘的"Ctrl＋A"组合键，进入前视图摄像机的属性设置面板中，在 Environment 卷轴栏中，单击 Image Plane 后的"Create"按钮，如图 5-15 所示。

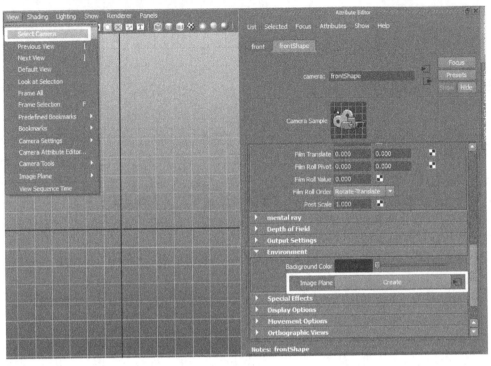

图 5-15

（2）在 Image Plane 的属性面板中，单击 Image Name 后面的文件夹图标，在弹出的对话框中找到正面参考图并打开，这时会看到前视图中已经将参考图显示出来了，如图 5-16 所示。

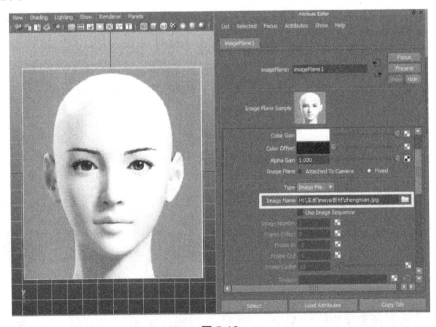

图 5-16

（3）使用相同的方法将侧面参考图设置在侧视图中，这时会看到透视图中两张参考板互相交叉在一起，这样参考板就完成了，如图 5-17 所示。

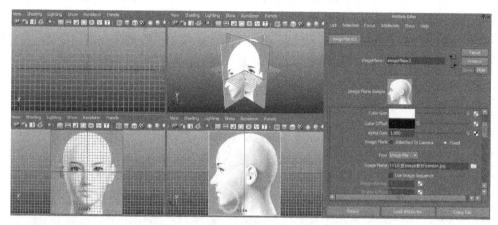

图 5-17

（4）现在还有一个问题，即两块参考板在视图中都能被选中，这样会在建模中出现误选。在图层面板中新建一个图层，然后选择两块参考板，在新建的图层上单击鼠标右键不要松手，在弹出的浮动面板中选择 Add Selected Objects（添加被选中物体），将图层前面的状态修改为 R，这样，参考板就不会被选择到了，如图 5-18 所示。

图 5-18

前期的准备工作基本上可以结束了，如果对自己有足够的信心，这一步也可以跳过。在下面的操作中，由于影响截图的效果，制作中就不再使用参考板了，读者可以根据自己的需要来设定参考板。

▶ 5.2　开始制作头部模型

（1）新建一个 Polygon 圆球体，在右侧通道栏中一定要把它的 TranslateX、Y、Z 三个数值都设置为 0，以保证它在视图的正中间，再来设置它的片段数为 12 和 8，使用放缩工具，在横向和纵向上面调整，使它接近于头像的大体形状，如图 5-19 所示。

（2）先在前视图中，使用移动工具，逐一选中整排的点，调整位置，使之分别对应额头、眉毛、眼角、嘴部、下巴、脖子等处，再使用放缩工具，使整排的点沿着 X 轴向进行放缩。

再进入侧视图，使用放缩工具，使整排的点沿着 Z 轴向进行放缩，从而把侧面的轮廓勾勒出来。使用旋转工具，将嘴部、下巴、脖子 3 排点进行旋转，使模型符合头像的结构，如图 5-20 所示。

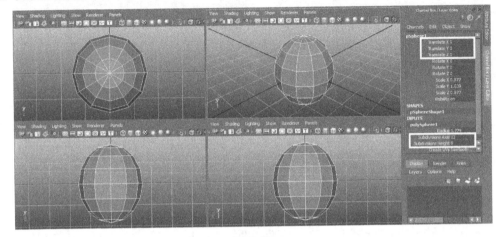

图 5-19

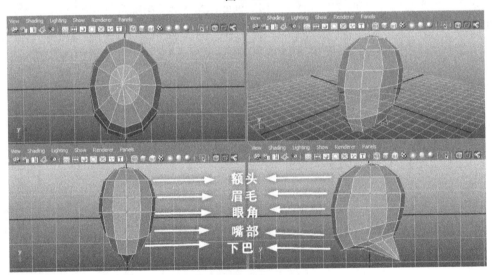

图 5-20

（3）进入面级别，选中最下面脖子的所有面，进行删除。然后进入到边级别，将底部所有的线都选中，在保证 Polygons 模块下，Edit Mesh→Keep Faces Together 被勾选的前提下，执行 Edit Mesh→Extrude（挤压）命令，将脖子挤压出来，如图 5-21 所示。

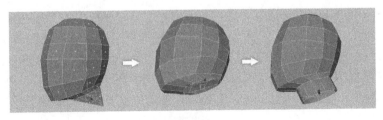

图 5-21

（4）由于在头部建模的时候，模型的面要尽量使用四边面，因此头顶部分的一些三角面要进行调整。选中头顶的所有边并删除，执行 Edit Polygon→Split Polygon Tool（划分多边形工具）命令，先沿着中轴线将头顶划分为两半，按 Enter 键，再分别划分中间的 3 条线，如图 5-22 所示。

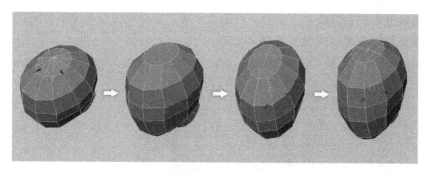

图 5-22

顺便提示一下，在使用 Split Polygon Tool（划分多边形工具）命令的时候，尤其是划分的起始位置都有控制点的情况下，为了保证不再出新的多余控制点，必须使划分的起始点和相对应的控制点位置完全一致。因此在使用 Split Polygon Tool（划分多边形工具）命令进行操作的时候，如图 5-23 所示，需要先用鼠标单击控制点且不要松手，例如 a 点，再将鼠标拖动至控制点的 b 点松手，这样就不会多出无谓的控制点了。

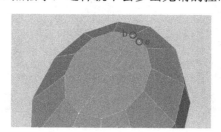

图 5-23

（5）将新划分出来的控制点位置进行调整，尽量使面的转折变得柔和一些，如图 5-24 所示。

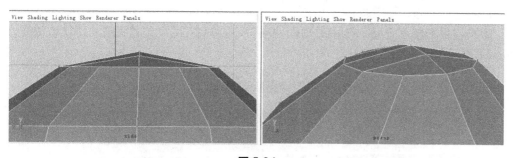

图 5-24

（6）由于头部的两边是基本对称的，因此为了节省工作量，通常的做法都是只做头部的一半，在完成以后再把另外一半复制出来，结合在一起。

现在也要这样设定一下。首先进入模型的面级别，选中一侧的所有面，进行删除。但是只做一半对掌握整体有影响，因此进入到模型的最高级别，打开 Edit→Duplicate Special 的命令设置面板，设置 Geometry Type 方式为 Instance（关联复制），Scale 的第一个参数为–1，单击"Apply"按钮。

这时可以进入到点级别，选中一个点进行调整，会发现另一半模型也随之进行改变，这就是关联复制的作用，如图 5-25 所示。

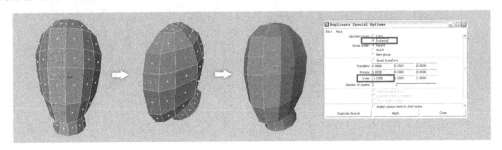

图 5-25

（7）再次执行 Edit Polygon→Split Polygon Tool（划分多边形工具）命令，沿着嘴部的线向上顺时针划分一圈线，将鼻翼、眼窝的结构都绘制出来，然后选中中间的两个点，使用移动工具向里移动一些，做出眼窝的深度，如图 5-26 所示。

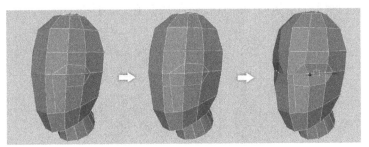

图 5-26

（8）还是使用 Split Polygon Tool（划分多边形工具）命令，沿着眼窝内部再绘制一圈线，将眼睛的形状绘制出来。进入到边级别，选中眼睛内部的 6 条边，此时它们已经没有用了，将它们删除，使眼睛独立出来。

如果使用了参考面板，依据参考图，在前视图和侧视图中调整眼睛的形状和位置，如图 5-27 所示。

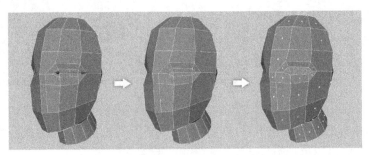

图 5-27

（9）继续使用 Split Polygon Tool（划分多边形工具）命令，在嘴部的上方横向绘制一圈线，作为鼻底部分，然后再把鼻底和嘴部连接的一条线删除。在嘴部的周围绘制一圈线，做出嘴部的形状，将嘴部里面靠近中间的点向内移动，制作出嘴部中间的凹陷部分，如图 5-28 所示。

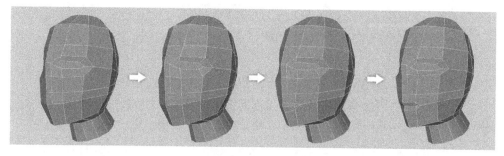

图 5-28

（10）接下来制作鼻子，进入面级别，选中鼻子的两个面，执行 Edit Mesh→Extrude（挤压）命令，将选中的两个面挤压出来一些，再沿 X 轴向旋转一些，使鼻梁有一定的斜度，再进入点级别，调整出鼻子的大致形状，如图 5-29 所示。

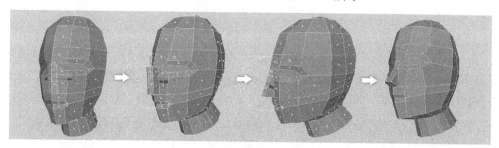

图 5-29

（11）如果现在就希望看看其光滑以后的模型，会发现光滑以后鼻子中间有一条的缝隙，这是因为在挤压的时候，鼻子中间会多出来一个面，现在需要把这个面删除掉。

删除一侧的模型，进入到另一侧模型的面级别，在鼻子的内侧选中多余的面并删除，将另一侧模型复制出来，再使其光滑就正常了，如图 5-30 所示。

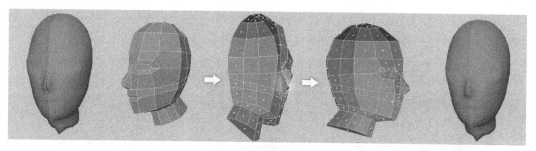

图 5-30

（12）进入点级别，调整耳朵部分两个面的形状，然后选中两个面，执行 Edit Mesh→Extrude（挤压）命令，将耳朵挤压出来，再进入到点级别，调整耳朵外轮廓的形状，如

图 5-31 所示。

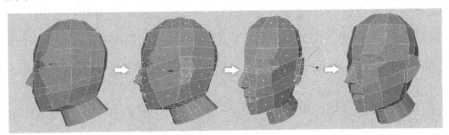

图 5-31

（13）在眼眶的外围加一圈线，增加眼部的细节，便于后期的调整，再将鼻梁处多余的线删除，如图 5-32 所示。

图 5-32

（14）在嘴部最外面和最里面各加一圈线，并进入点级别调整形状，外部的线是绘制嘴唇部分的结构，内部的线是准备挤压出嘴部的内部结构，进入到线级别，将嘴部最里面的几条多余的线删除掉，如图 5-33 所示。

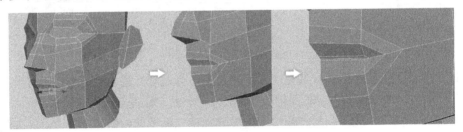

图 5-33

（15）进入到面级别，选中嘴部内的面，执行 Edit Mesh→Extrude（挤压）命令，把这个面向内部挤压一些，并将挤压出来的多余的面删除，如图 5-34 所示。

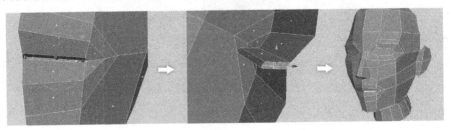

图 5-34

5.3 眼睛部分的制作

接下来刻画五官。按照头部布线的需要,首先来制作眼睛。在制作之前可以先看一下眼睛各个角度的图片,以便对结构有一个大概的了解。制作完以后也可以对照自己的模型来检查一下,如图 5-35 所示。

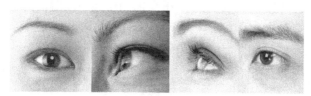

图 5-35

(1)继续使用 Split Polygon Tool(划分多边形工具)命令,在眼角、上眼皮的中间,下眼皮中间到嘴角的位置上继续加线,增加细节。进入到点级别,调整眼睛轮廓线上新加入的点的位置,如图 5-36 所示。

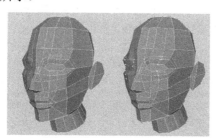

图 5-36

(2)进入面级别,选中眼睛的面,执行 Edit Mesh→Extrude(挤压)命令,先向外挤压出来一点,并缩小一些,做出眼眶。按键盘的"G"键进行第二次挤压,这次向内一些,越过头部的表面,并缩小一些,这样与刚才挤压出来的面形成一个小的夹角,在光滑以后结构更加明确。再按"G"键进行第三次挤压,这次向内多一些,并放大,形成眼窝,如图 5-37 所示。

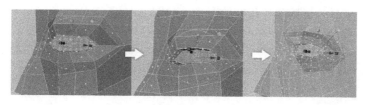

图 5-37

(3)使用 Split Polygon Tool(划分多边形工具)命令,在眼眶内侧划出一圈线,并将这一圈线稍稍往内移动一些,其中上眼皮的部分移动稍大一些,这样把眼窝的陷入部分制作出来。再从内侧眼角往下画线,到鼻翼部分,如图 5-38 所示。

（4）继续使用 Split Polygon Tool（划分多边形工具）命令，在眼眶周围加线，增加更多的细节，注意要把两个眼角做出来，如图 5-39 所示。

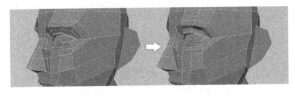 

图 5-38   图 5-39

（5）现在眼睛部分已经基本完成，由于全部制作完毕以后，需要用一个球体作为眼球，因此现在可以新建一个和真实眼球大小差不多的球体，放置在眼眶内部，再来调整眼眶的控制点，使眼眶和眼球相匹配，如图 5-40 所示。

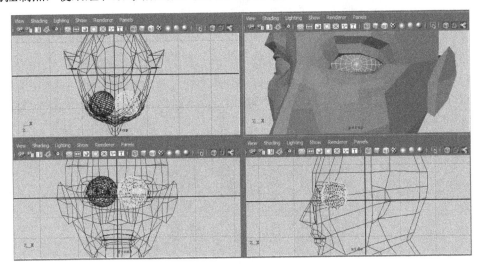

图 5-40

⫸ 5.4 嘴部的制作

制作之前先来看一下嘴部各角度的图片，如图 5-41 所示。

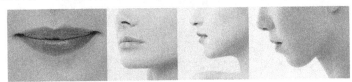

图 5-41

（1）由于前面已经制作了嘴部的基础部分，下面的制作会相对轻松一些。使用 Split Polygon Tool（划分多边形工具）命令，从鼻底至脖子画一条线，增加嘴部细节。再沿着嘴部外围画一圈线，进入点级别，将下巴的结构调整出来，如图 5-42 所示。

图 5-42

（2）继续在嘴部的外部画一圈线，以增加控制点，调整更多的细节。进入到点级别，按照嘴部的结构进行调整，注意要把上下嘴唇的边缘部分向内移动一些，使嘴唇的立体感更加突出，如图 5-43 所示。

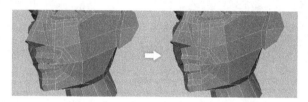

图 5-43

（3）接下来要制作口腔，删除一侧的模型，选中口腔最里面的两个面，多次执行 Edit Mesh→Extrude（挤压）命令，将口腔内部挤压出来，以便在最后放入牙齿和舌头的模型，最后再将最侧面的面删除，如图 5-44 所示。

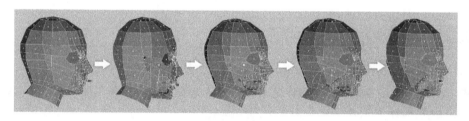

图 5-44

（4）由于最后需要对模型进行光滑处理，因此在制作过程中，能够实时看到光滑后的模型就成为必须。下面选中一侧的模型，打开 Edit→Duplicate Special 的命令设置面板，设置 Geometry Type 方式为 Instance（关联复制），单击"Apply"按钮，将复制出来的模型移到旁边，如图 5-45 所示。

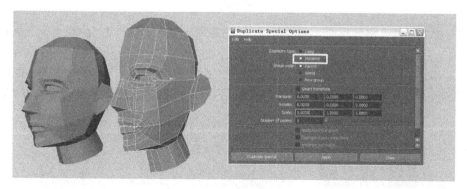

图 5-45

（5）选中新复制出来的模型，在 Polygons 模块下，打开 Proxy→Subdiv Proxy（细分代理）的命令设置面板，设置 Division Levels 参数为 1，单击"Apply"按钮。这时会看到模型变为透明，模型的里面出现了一个光滑过的新模型，将外面的透明模型删除，只保留光滑过的模型，这时再去调整原始头部模型的结构，就会看到光滑的模型也会发生相应的变化，这就是 Subdiv Proxy（细分代理）命令的作用，如图 5-46 所示。

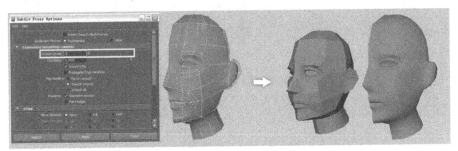

图 5-46

Subdiv Proxy（细分代理）命令的 Division Levels 参数越高，模型光滑生成的面数就越多，因此在建模阶段参数设定为 1 就可以了，设定得太高会导致面数成倍增加，从而大量占用系统资源。

⏩ 5.5 鼻子的制作

鼻子的结构稍稍复杂一些，制作之前依然是先来看一下鼻子各角度的照片，以做到心中有数，如图 5-47 所示。

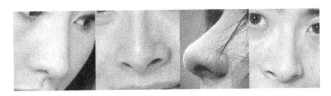

图 5-47

（1）首先将鼻孔挤压出来，进入面级别，选中鼻底的面，执行 Edit Mesh→Extrude（挤压）命令，先不对其挤压，而是对多出来的这个面放缩，再调整一下控制点的位置，使形状和鼻孔相近，再来对这个面进行第二次挤压，先挤压进去一点，增加一些面，以便最后光滑的时候有好的效果，再进行第三次挤压，这时将面彻底挤压进去，如图 5-48 所示。

图 5-48

（2）依然是使用 Split Polygon Tool（划分多边形工具）命令，先从鼻底上方至下巴绘制一圈线，将鼻头结构勾勒出来的同时，也为下巴增加了细节。在一般的头部模型中，因为眼睛和嘴部在后期的动画中变化较多，因此它们周围的线都是以眼睛或者嘴巴为中心的，呈放射状布线。

然后再由鼻底向上至眼眶位置绘制一条线，以增加鼻头部分的细节，并进入到点级别，调整出鼻翼的结构，如图 5-49 所示。

（3）使用 Split Polygon Tool（划分多边形工具）命令，先在鼻头上方横向绘制一条线，再在纵向上绘制三条线，并进入点级别，调整控制点的位置，将鼻头部分的转折做出来，如图 5-50 所示。

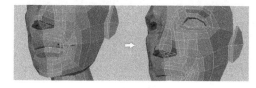

图 5-49　　　　　　　　　　　　　　　　　　图 5-50

（4）使用 Split Polygon Tool（划分多边形工具）命令，在人中的位置开始绕嘴部绘制一圈线，再进入点级别，在侧视图中调节点的位置，将人中部分制作出来，如图 5-51 所示。

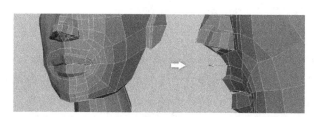

图 5-51

（5）从鼻梁开始，横向绘制一条线，以增加鼻梁的控制点。在侧视图中，进入点级别，调整鼻梁的形状，如图 5-52 所示。

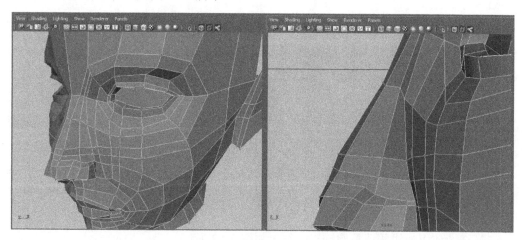

图 5-52

（6）继续在鼻孔至中间的位置加一条线，进入点级别，在侧视图中调整鼻底和鼻孔的形状，如图 5-53 所示。

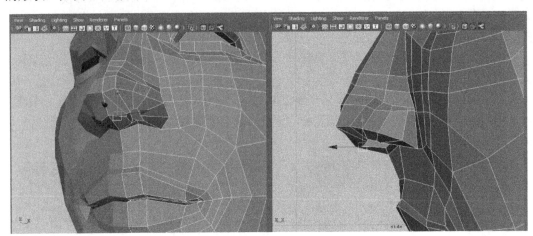

图 5-53

⚡ 5.6　耳朵的制作和最后调整

耳朵应该是五官中最复杂的部分了，由于耳朵是独立的一个部分，而且每个人的耳朵几乎差别不大，再加上很多角色的耳朵部分都被头发、帽子遮挡住，因此有时候为了赶工期，可以直接从外部调入一个耳朵模型，与头部模型进行合并。但为了整个头部制作的完整性，我们还是来对耳朵进行单独的制作。先来看一下不同角度的耳朵照片，如图 5-54 所示。

（1）使用 Split Polygon Tool（划分多边形工具）命令，在表面横向加入两条线，并进入点级别调整耳朵表面的形状。然后在耳朵根部加入一圈线，调整耳朵根部的转折，如图 5-55 所示。

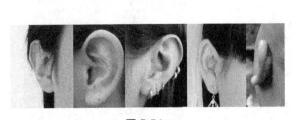

图 5-54

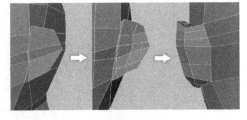

图 5-55

（2）继续使用 Split Polygon Tool（划分多边形工具）命令，在耳朵表面内侧绘制一圈线，再将中间的几个点稍稍向内移动。继续在耳朵表面绘制线，将耳垂等结构都刻画出来，如图 5-56 所示。

（3）继续使用加线并调整控制点，结果如图 5-57 所示。

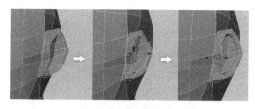

图 5-56

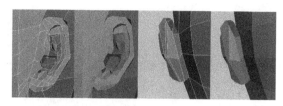

图 5-57

（4）接下来要进行细节的添加工作。执行 Edit Polygon→Insert Edge Loop Tool（插入循环线工具）命令，在嘴唇的中间绘制一圈线，并在侧视图中，将这圈线稍稍往外移动一些，这样制作出来的嘴唇会更加的饱满，如图 5-58 所示。

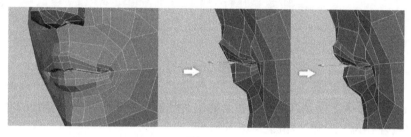

图 5-58

（5）来制作角色的双眼皮。使用 Split Polygon Tool（划分多边形工具）命令，先在双眼皮的起始点上各画一条线，将双眼皮的走势绘制出来，然后沿着这条走势线，在其下方很近的地方绘制一条线，如图 5-59 所示。

（6）使用移动工具，将绘制出来的这条线稍稍往内移动，再向上移动一些，这样光滑以后就会出现双眼皮的效果，如图 5-60 所示。

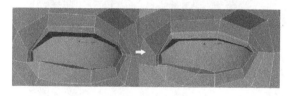

图 5-59

图 5-60

（7）接下来使用一款极具 Maya 风格且非常好用的工具对模型进行整体调整。选中模型，打开 Mesh→Sculpt Geometry Tool（雕塑模型工具）的命令设置面板，把鼠标放在模型上，会看到一个红色的笔刷。

可以调整 Radius（U）值为 0.1，将笔刷的半径设置小一些，然后单选 Operation 后面的第三个图标，在模型表面进行涂抹，会发现涂抹过的地方会变得光滑，如果光滑的强度太大，可以将 Opacity 值调小一些。除了光滑功能外，Operation 的第一个图标是凹陷，第二个图标是凸出，第四个图标是分散，而第五个图标是擦除变化的。另外，Profile 还提供了 4 种笔刷效果供选择，最后面的 Browse 则可以从外部导入笔刷，如图 5-61 所示。

（8）全部调整完了以后就可以进行模型的合并了，由于前面使用了大量的命令对模型进行调整，这个时候可以删除模型的历史记录，释放一些系统资源，使计算机的显示速度更快。

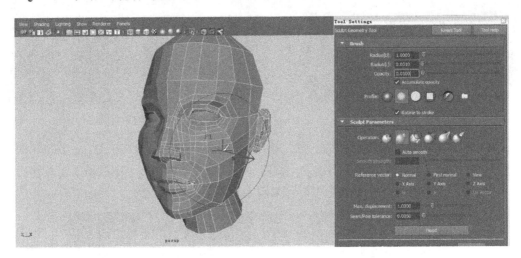

图 5-61

删除一侧的模型，准备进行镜像复制。Maya 自带的镜像复制命令是 Mesh 菜单下的 Mirror Geometry 命令，但是这个命令在合并这种比较精细的模型的时候很容易出错，经常将临近的点合并为一个点，如图 5-62 所示。

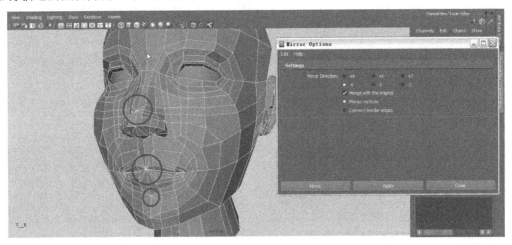

图 5-62

（9）现在来使用另一种合并模型的方法，虽然稍复杂一点，但效果却很好。打开 Edit→Duplicate Special 的命令设置面板，设置 Geometry Type 方式为 Copy，Scale 的第一个参数为–1，单击 "Apply" 按钮，复制出另一半模型，注意，这次就不是关联复制了，如图 5-63 所示。

现在这是两个各自独立的模型，需要把它们合并为一个模型。选中它们，执行 Mesh→Combine 命令，将两个模型合并为一个。

（10）如果现在对模型进行光滑，会发现模型正中间会有一条缝隙，这是由于两个模型虽然合并在一起了，但是模型边缘的点还是各自独立的。

进入模型的点级别，在前视图中使用框选的方法，从上到下框选最中间的一排点，打开 Edit Mesh→Merge 的命令设置面板，其中的 Threshold 值是指需要合并物体的距离值，即在这个距离之内的被选择物体才能够合并，超出这个距离的不会进行合并。

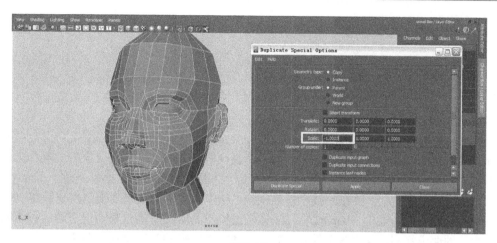

图 5-63

由于两个模型的点基本重合在一起，所以可以先设定为最低的 0.0001，单击"Apply"按钮，如图 5-64 所示。

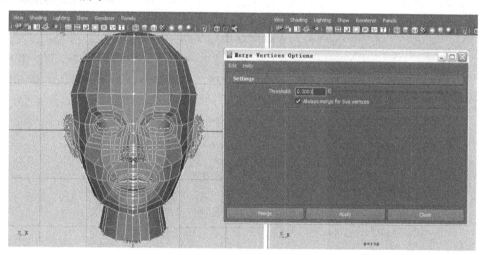

图 5-64

（11）现在可以使用 Mesh→Smooth 命令对模型进行光滑，如果光滑后发现模型连接处有缝隙，说明这个地方的两个点没有被合并在一起。按"Ctrl＋Z"组合键退回到光滑以前，选中相应的点，可以适当地调整 Merge 的 Threshold 值，并进行合并，然后再光滑。完成后的效果如图 5-65 所示。

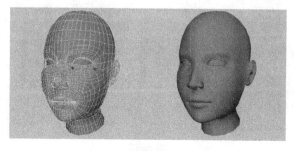

图 5-65

▌▶ 5.7 其他部分的介绍

实际上本节的头部模型制作到现在，只是完成了角色中最复杂的头部，还有一些其他部分需要进行制作，例如身体、头发、服装，甚至眼睫毛等，这些部分模型的制作技术难度不高，使用到的命令还没有头部多，只是工作量很大，因此在这里只是做一下介绍。

（1）头发部分。由于现在的技术发展很快，制作真实头发效果变得越来越简单。Maya中也加入了专门做头发的 Hair 模块，能够做出模拟真实头发的效果，但是这种技术对于制作人员的要求很高，需要掌握的命令很多，且制作出来的头发飘动等效果也需要借助动力学等模块的配合，因此掌握起来需要较长的时间。

但这些技术最致命的缺点还是对于系统资源的占用。如果制作单帧问题不大，但是如果制作大场景的动画，系统很可能就不堪重负了，除非有 Pixar 公司那样的高配置计算机和渲染农场系统（Renderfarm），否则对于资金相对并不宽裕的小型工作室和公司而言，是完全无法接受的。因此这种技术在实际的动画制作中，使用得并不多。

现在在制作大型动画的时候，大多数制作方都会使用直接建模的方法，即使用 Nurbs平面，调整为一缕头发的样子，然后对这缕头发模型不断复制，不断调整，大量的 Nurbs平面最终达到头发的效果，如图 5-66 所示。

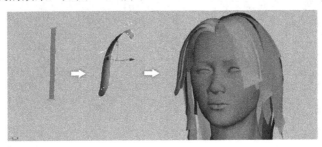

图 5-66

模型制作完以后，为头发模型贴上真实头发的贴图，再使用透明贴图制作出一丝一丝的效果，甚至眼睫毛、胡须等也都可以使用这种方法来创建，如图 5-67、图 5-68 所示。

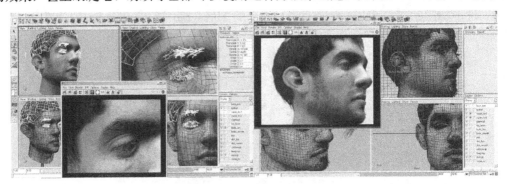

图 5-67

（2）身体部分。实际上身体部分建模在技术上并不困难，难的是对结构的掌握，下面的三视图可以对身体结构掌握不好的读者起到一定的帮助作用，如图5-69所示。

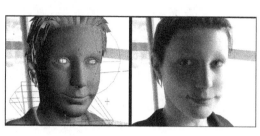

图 5-68

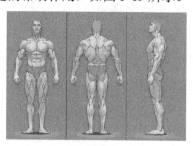

图 5-69

身体的建模方式基本上都是新建一个立方体，作为身体部分，然后使用挤压命令，挤压出手臂、手指、腿、脚，图5-70就是建得非常精细的脚和手。

（3）衣服部分。同头发部分一样，专门做衣服特效的插件也很多，而 Maya 升级以后的 Ncloth 模块也是专门为制作衣服应运而生的。但是缺点也是与头发部分一样，就是大场景的时候占用系统资源过大。因此现在很多大型多集动画也都采用 Polygon 建模的方式来完成，如图5-71所示。

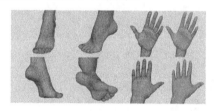

图 5-70

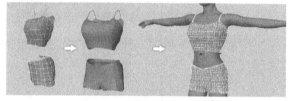

图 5-71

如图5-72所示就是一个完整的三维角色，是完全使用 Polygon 模型来完成的，包括头发和服饰。

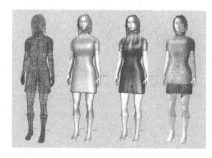

图 5-72

本 章 小 结

本章系统地学习了在 Maya 中制作角色的方法，并针对卡通角色和写实角色分别做了介绍。在目前的角色制作中，基本上是采用 Polygon 建模的手法的，因此，希望读者在学习本章的时候，多留意那些常用的 Polygon 建模命令，例如 Split Polygon Tool 命令、Merge 命令、Smooth 命令等。

　　随着技术的进步，有一种次世代游戏角色的建模方式，它是通过 Maya 和 Zbrush 软件配合来制作的，关于 Zbrush 软件的操作，会在本书第 8 章进行阐述。

作　业

　　1．选一种自己喜欢的动物，想象着把它改变成卡通角色的造型。
　　2．根据下面角色的三视图，在 Maya 中将该角色创建出来，图 5-73 为角色.jpg 文件，由郑州轻工业学院动画系赵欣绘制。

图 5-73

　　3．在 Maya 中创作出一个完整真实的人体，并通过一些点级别的调整，摆一个简单的姿势。图 5-74 为范例效果，是郑州轻工业学院动画系王乐彬完成的作品。

图 5-74

第**6**章

Maya 的材质系统

在 Maya 中，各个材质的主要区别就是对高光的处理，不同的材质有着不同的高光效果。但这并不是全部，很多材质都有着它们自己独有的特性，这些都要在本章一一介绍。

⚡ 6.1　Maya 基本材质类型

6.1.1　Anisotropic、Blinn、Lambert、Layered Shader 材质

Anisotropic 材质：这是一种比较特殊的材质，它的特殊之处就在于它的高光。一般情况下，一个球体的高光应该是圆形的，但实际上却是很不规则的，如图 6-1 所示。图 6-2 是将默认的 Anisotropic 材质指定给一个球体后，模型在视图中的显示和渲染后的图像。

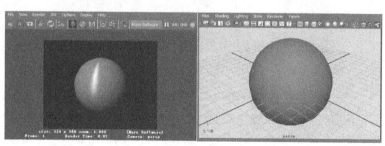

图 6-1   图 6-2

Anisotropic 材质在三维作品中并不是很常用的一种材质，但由于它的特殊性，所以很适合表现一些不规则的反射。另外，它的高光可以根据角度大小来进行细致的调整，即现在看到的这个比较狭长的高光，可以自身进行一些旋转，这对于一些喜爱做动画的人而言，也许正是一个创意的亮点。

Blinn 材质：这是一种很常用的材质，这主要在于它的可调节性极强的高光，如图 6-3 所示。图 6-4 是默认的 Blinn 材质指定给一个球体后，模型在视图中的显示和渲染后的图像。

图 6-3

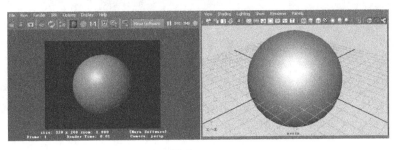

图 6-4

Blinn 材质的适用范围很广泛，一般情况下，极其强烈的高光在现实中是不大容易出现的。其实仔细观察一下周围，由于空气中不规则颗粒所造成的折射以及视线的阻隔等一系列的因素，所看到的高光都或多或少地带有一些过渡的柔和边缘，这对于 Blinn 材质来说正好是强项。

Blinn 材质高光柔和度的可调节性很强，正因为如此它才具有普遍性，很多时候都被用在高光较为强烈的金属或是玻璃上，在一些高光不是很强的如木制家具之类的物体上，也常常能见到它的身影。

Lambert 材质：这是 Maya 的默认材质。在创建一个模型后，Maya 会自动将这个模型指定 Lambert 材质。它的特点是没有任何高光，这是它区别于其他材质的一个很重要的特点，如图 6-5 所示。图 6-6 是默认的 Lambert 材质指定给一个球体后，模型在视图中的显示和渲染后的图像。

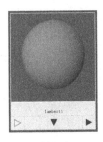

图 6-5

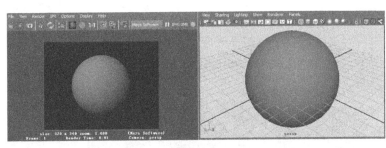

图 6-6

Lambert 材质也是应用很广泛的一种基本材质，由于它不会产生任何高光特性，使得它在模拟一些表面比较粗糙的物体时有着很大的发挥空间。在现实世界中，如果仔细观察会发现：有很多物体实际上是不带任何高光的，比如身上穿着的布料衣服，绒帽，地上的岩石，砖头瓦片，这些都是 Lambert 材质应用的地方。

Layered Shader 材质：这也是一个很特殊的材质。它的特殊不是在于高光方面，而是在于它特殊的编辑属性。

一般情况下，一个物体表面上的质感都是分好几个不同层级的，而 Layered Shader 材质就是把一个一个不同的材质叠加到模型上，从而创造出更加多变的材质。

图 6-7 是创建的一个基本的 Layered Shader 材质，图 6-8 是为一个球体的模型指定了一个默认 Layered Shader 材质后，模型在视图中的显示和渲染后的图像。

这只是刚刚建立还没有经过任何调整的 Layered Shader 材质，虽然看上去只不过是一块绿色，但是将它真正调节好后，调节出来的效果是惊人的。靠它来模拟物体上因岁月而产生的众多杂质是再合适不过的。如图 6-9 所示是一个建立好的 Layered Shader 材质所表现出来的效果。当然，这只不过是最简单的一种。

图 6-7

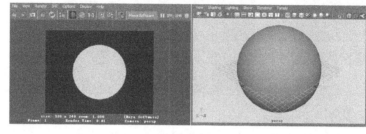

图 6-8

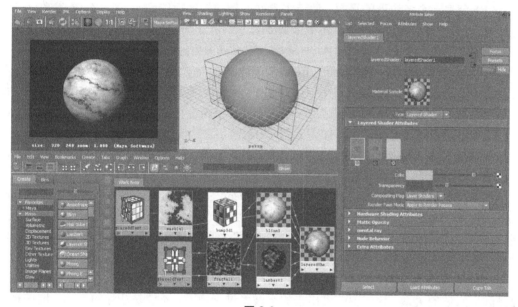

图 6-9

注意图 6-9 右侧红框中的设置，那里就是 Layered Shader 材质层级设置的地方，越靠左边的材质就显示在整个物体的最前面，右边的则反之。从下面的 Hypershade 面板中也可以看到，这个 Layered Shader 材质是由一个 Blinn 材质和一个 Lambert 材质叠加而得到的，而那个 Blinn 材质和 Lambert 材质的下面，还有它们自己的子层级。

从这个材质层级链接表中不难看出，一个 Layered Shader 材质的复杂程度可以说在所有材质之上，即想要调节出优秀的材质就必须付出更多的劳动，这也是 Layered Shader 材质的特点。

6.1.2　Ocean Shader 材质实例——海洋效果

Ocean Shader 材质从字面上翻译过来是海洋材质，实质上它最适合做一切带有波纹的水，如图 6-10 所示。图 6-11 是经过一些调整的 Ocean Shader 材质赋予一个平面模型后，模型在视图中的显示和渲染后的图像。

图 6-10

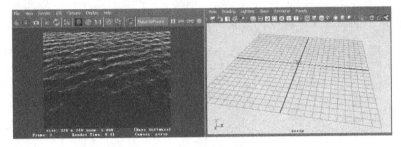

图 6-11

接下来就使用这个材质，简单制作"一片"海洋。

（1）创建一个多边形的平面，调节主界面左侧通道面板的 Scale X、Y、Z 参数分别为 135，1，165，并在下面的 Subdivisions Wid 和 Subdivisions Hei，即片段数各调节为 10，在透视图中用放缩视图工具，即 Alt＋鼠标右键将视图拉近，如图 6-12 所示。

（2）执行 Windows→Rendering Editor→Hypershade 命令，打开 Hypershade 面板，单击左边的 Ocean Shader 材质，使 OceanShader1 材质出现在右侧的材质编辑框内。使用鼠标中键将它拖动到视图中刚刚创建的平板模型上，单击渲染钮进行渲染，发现渲染出来的是一片有着轻微海浪的海洋了，如图 6-13 所示。

仔细观察可以看出，这个海洋和预想中的效果还有一定的差距，首先是它的颜色偏绿，这似乎与"蔚蓝的大海"不相符合。

（3）按键盘的"Ctrl＋A"组合键，打开 Ocean Shader 材质的属性面板。在 Common Material Attributes 卷轴栏下，单击 Water Color（水面颜色）前面的颜色块。在弹出的色彩调节器中，将颜色调节成深蓝色，单击"Accept"按钮。再来渲染一遍，发现渲染出来的就是"蔚蓝的大海"了，如图 6-14 所示。

颜色是差不多了，但这张图依然存在着很多的缺憾，表现得还远远达不到真实，这主要是因为水波的关系。这张图渲染出来的水波太过于细微，不像是汪洋的大海，倒像是一条普普通通的小河。还有它的水波过于一致，差不多的大小，差不多的形状，使它缺少波纹应该有的多样化和不规则化，这些都是要在下一步进行调节的地方，使它看起来更像是一片海而不是普通的水。

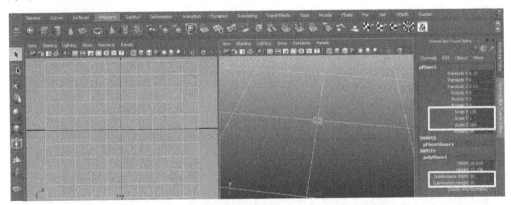

图 6-12

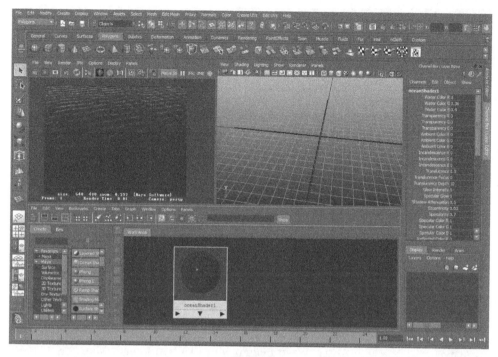

图 6-13

图 6-14

（4）依然在 Ocean Shader 材质的属性面板中，单击打开 Ocean Attributes 卷轴栏，按照图 6-15 的参数对其进行调节。然后再单击渲染钮，就会发现整个海面变了，其水波变得有大有小，错综复杂，极富变化。其中 Scale（比例大小值）属性是调节水面波纹的大小比例，值越高，水波纹就越多，反之则越少。Wave Dir Spread 属性则是调节水波扩展方向的。

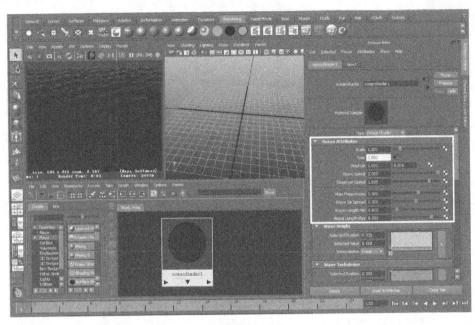

图 6-15

另外还有一组相关联的参数：Wave Length Min 和 Wave Length Max。这两个参数用来调节水波最小和最大的长度值。对它们进行设定后，所有水波都会被限制在这两个值之间进行随机变化。即如果想使水面上的水波变得没有规律，只需将这两个值之间的差距拉大，那么水波大小就会在一个更大的范围内进行随机变化。

现在的海面还不错，但是似乎有点暗了，可把它加亮一些。

（5）在 OceanShader1 材质的属性面板中找到 Glow（自发光）卷轴栏并单击打开，调节下面的 Glow Intensity（自发光强度）值为 0.12，再对透视图进行渲染，发现整个海面都被加亮了，如图 6-16 所示。

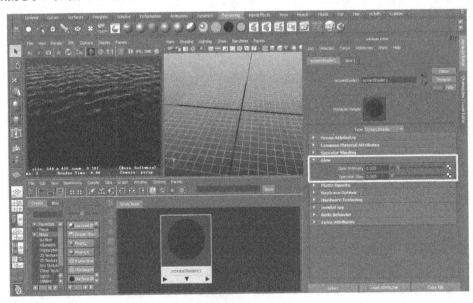

图 6-16

这又是一个特殊的参数，顾名思义，它能够使物体自身发出晕光效果，数值越高，亮度越强。有时候一些高亮度却往往能使画面产生一种完全不同的效果，如图6-17、图6-18所示是两种不同的效果。

图 6-17

图 6-18

6.1.3 Phong、Phong E、Ramp Shader、Surface Shader 材质

Phong 材质：它与其他材质的显著区别就是极其强烈的高光。与其他材质对比就会发现，在材质都没有进行调整的时候，Phong 材质的高光是最强烈的，而且它的高光非常集中，边界的柔和度不高，如图6-19所示。图6-20是默认的 Phong 材质指定给一个球体后，模型在视图中的显示和渲染后的图像。

图 6-19

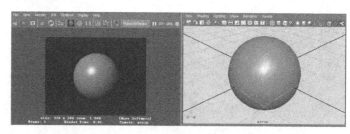

图 6-20

Phong 材质由于其独特的高光，经常被用在塑料、金属等质感的表现方面。

Phong E：从名字中就可以看出，它和刚刚介绍的 Phong 材质有一定的联系。但对它们进行仔细对比后就会发现，Phong E 材质的高光比 Phong 材质要柔和一些。如果读者细心一些，会发觉 Phong E 材质和刚才介绍的 Blinn 材质有着很多相似之处。其实 Phong E 材质的高光比 Blinn 材质更为集中，边界也没有 Blinn 材质那么柔和，如图6-21所示。图6-22是默认的 Phong E 材质指定给一个球体后，模型在视图中显示和渲染后的图像。

图 6-21

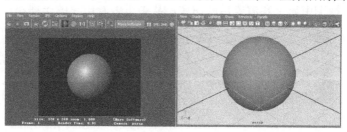

图 6-22

Phong E 材质由于它有边缘柔和、中心强烈的高光，在适用范围上受到一些局限，但它对于表现一些高光不太强烈，但相对集中的质感依然有着一定的应用。

Ramp Shader 材质：它并不是一个单一上色实体，它的所有属性都可以设置为渐变效果，如图 6-23 所示。图 6-24 是经过一些小调整的 Ramp Shader 材质指定给一个球体后，模型在视图中显示和渲染后的图像，从中可以看出它的一些不同之处。

图 6-23

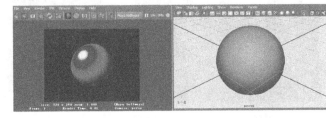

图 6-24

图 6-25 是 Ramp Shader 材质的调节面板，右侧是调节过渡色的地方。在颜色块中用鼠标单击一下，会弹出一个新的颜色，以供调整使用。

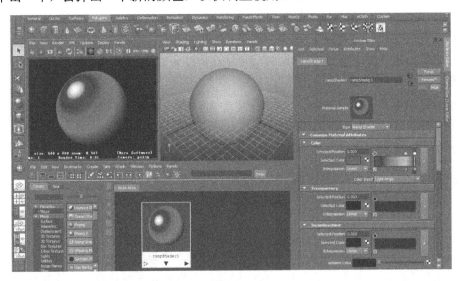

图 6-25

Surface Shader 材质：这也是一个很特殊的材质，它的特殊之处不在于它的高光上，而在于它的表现形态上。它可以看做是一个自发光的材质，能够渲染出很强的光晕，如图 6-26 所示。图 6-27 是经过一些小调整的 Surface Shader 材质指定给一个球体的模型后，模型在视图中显示和渲染后的图像，从中可以看出它的一些不同之处。

图 6-26

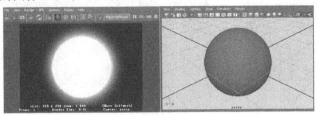

图 6-27

Surface Shader 材质由于其特殊性，虽然不适合表现绝大多数物体的表面，但是很适合表现一些光感强烈的物体，例如很强的白炽灯，甚至可以模拟天上的太阳。

以上介绍了基本材质中的常用材质，但要做出优秀的材质，还要对这些基本材质的属性进行调节。

6.2　基础材质的基本属性

创建一个基本材质以后，按键盘的"Ctrl＋A"组合键，会弹出所选择材质的属性面板。在里面有很多的属性，可以对它们的参数进行调节，以产生更多的变化，如图 6-28 所示。

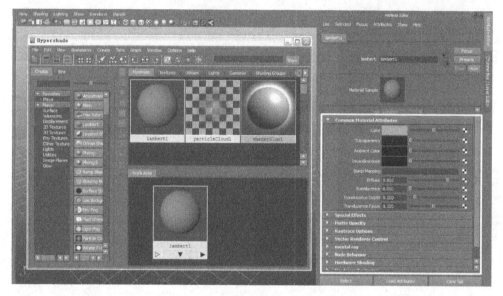

图 6-28

从中可以看到，材质的属性被分为了好几个大的选项组，在这些选项组的卷轴栏下又分列着它们各自的小选项。常用的选项和参数介绍如下。

6.2.1　Common Material Attributes（公共材质属性）

Common Material Attributes（公共材质属性）选项组，从名字中就可以看出，这里面都是材质所共用的属性。但一些比较特殊的材质并没有包含这个选项组，因此，它可以说成是绝大多数材质的公共属性，如图 6-29 所示。

Color（颜色）：这是用来调节一个材质基本颜色的属性。刚刚创建出来的材质颜色是灰色，而通过 Color（颜色）属性的调节，能够使基本材质的颜色发生变化。

对于它的操作只要单击"Color"标题后的颜色框，就会弹出一个颜色调节器，调节完毕将鼠标移出，颜色调解器的面板会自动消失，如图 6-30 所示。

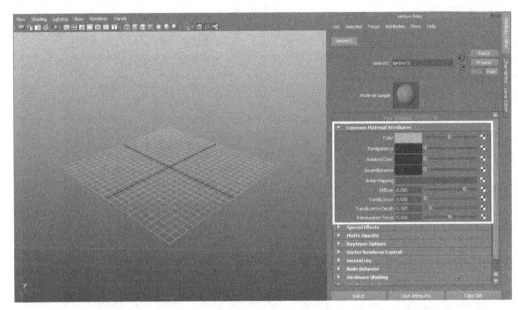

图 6-29

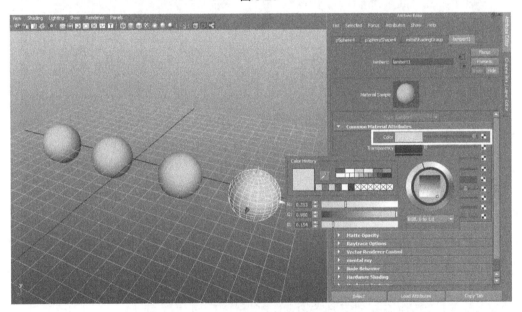

图 6-30

　　Color（颜色）属性的最右边有一个黑白格子的标志，这是它的贴图钮。在基本颜色不能够满足需要的时候，可以单击贴图钮，选择一种 Textures（贴图）贴在物体的表面，以达到需要的效果。

　　Transparency（透明度）：这是调节材质透明度的属性。调整为黑色代表 100%不透明，而白色代表全部透明，中间过渡的灰色越深则透明度越低，反之则越高，如图 6-31 所示。

　　值得注意的是，它可以调整模型的透明程度，但仅仅只是限于模型本身，并不影响物体的高光、阴影以及其他一些参数的透明度。图 6-32 和图 6-33 是调节了红色球体透明度前后的不同效果，注意红色球体透明以后所透出的背景，以及它本身的高光和阴影。

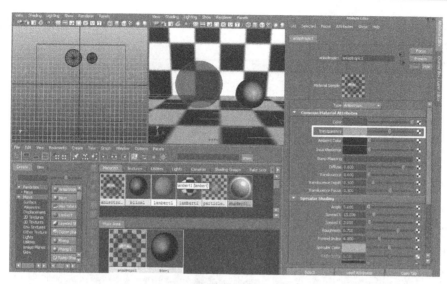

图 6-31

图 6-32

图 6-33

Ambient Color（环境色）：系统默认的环境色是纯黑色的，那么也就意味着不加任何环境色。环境色颜色的调节方法也是和 Color（固有色）一样，也是单击"Ambient Color"后的颜色框，在弹出来的颜色调节器里进行调节，如图 6-34 所示。

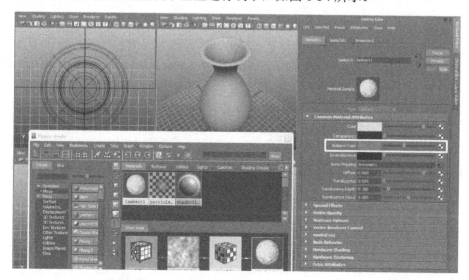

图 6-34

图 6-35 和图 6-36 是加上环境色前后的渲染效果图，它们加的是黄色调的环境色，从中可以对它们进行比较。

图 6-35　　　　　　　　　　　　　　　图 6-36

Incandescence（白热化）：其实就是调节材质自身亮度的属性，它的调节方法也是单击颜色框，对弹出的颜色调节器进行调节，如图 6-37 所示。

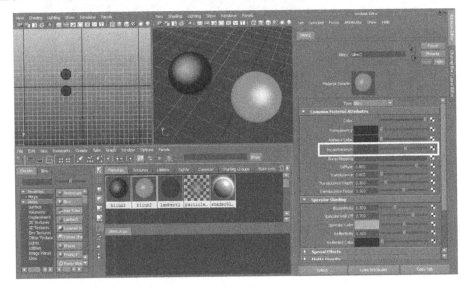

图 6-37

图 6-38 中两个球体的形状和材质是一样的，不同的是右侧的球体加了 Incandescence 效果，可以进行对比。图 6-39 是把场景中所有的灯光都隐去了以后渲染出来的效果。从中可以看出，在没有灯光的情况下，右侧加了 Incandescence 效果的球体依然能够显现出来。因为 Incandescence（白热化）是均匀地散布光的，所以渲染出来如同一平面，没有任何立体感。

图 6-38　　　　　　　　　　　　　　　图 6-39

Bump Mapping（凹凸贴图）：这是一个常用的属性。它是根据灰度值大小，来使被指定材质的物体表面产生凹凸不平的效果的，灰度值高的地方就会产生凹进去的效果。它没有颜色调节框，只有后面的一个标有黑白格子的贴图钮，所以，它只能用贴图的方法来模拟出凹凸效果，如图 6-40 所示。

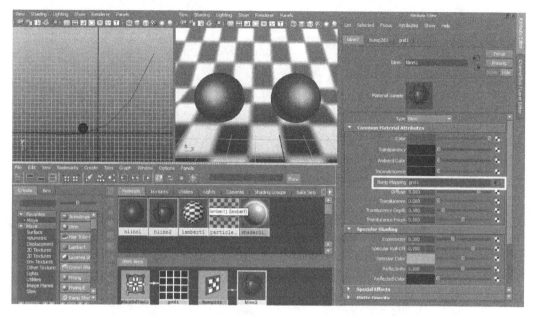

图 6-40

下面的两张渲染效果图是加入 Bump 贴图前后的样子。图 6-41 是加入前的，图 6-42 是加入后的。可以对比一下，Bump 的深度是可以随意进行调节的。

图 6-41

图 6-42

Diffuse（漫反射）：漫反射是物理学中物体表面对光的一种反射现象，它对于提高物体的亮度和饱和度有帮助作用，但它并不改变所有的亮度，而是只改变中间的过渡色。Maya 的默认值是 0.8，可以对其进行调节。如果调节大于 1 则必须手动输入数值，然后按键盘上的 Enter 键，使用滑杆只能调节 0～1 之间的数值，如图 6-43 所示。

图 6-44 和图 6-45 是 Diffuse（漫反射）值为 0.2 和 0.8 的效果，可以对比一下。

Translucence（半透明）：这也是一种很特殊的材质属性，它主要用于树叶、蜡烛、窗帘之类的半透明物体，从而模拟出透光的效果。Translucence（半透明）属性下的两个参数：Translucence Depth 和 Translucence Focus 是它的子参数，如图 6-46 所示。

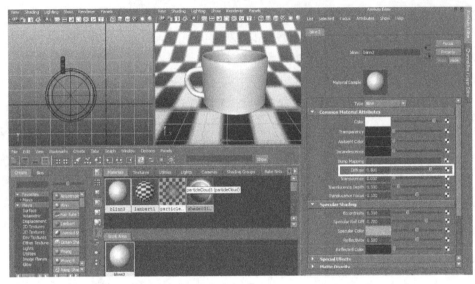

图 6-43

图 6-44   图 6-45

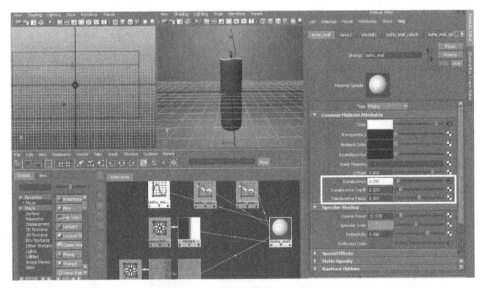

图 6-46

　图 6-47 和图 6-48 是加入 Translucence（半透明）前后的不同效果。可以看出蜡烛把背投灯光的光线显现了出来。

图 6-47   图 6-48

6.2.2 材质应用实例——矿石效果

现在对前面所学的内容以实例形式进行一下小结。看看下面这两张效果图，如图 6-49 和图 6-50 所示。在这个实例中准备做一块矿石。要注意，矿石不但要有一般石头的纹理，还要有一些闪闪发光的小颗粒，以显示出矿物质。

图 6-49   图 6-50

这个实例涉及的材质有 Phong、PhongE、Layered Shader，以及几乎所有的常用材质属性。

（1）首先打开 6-2-stone.mb 文件，里面有一个做好的石头模型，建模方式是 Nurbs 建模。

除了模型以外，还打上了灯光，分别是一盏 Spot Light 和一盏 Ambient Light，是为了照亮物体。另外还有一台摄像机，如图 6-51 所示。

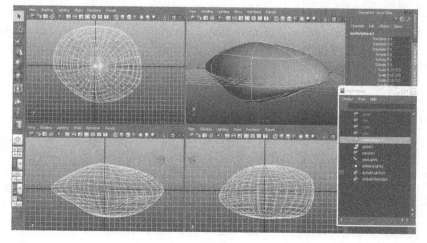

图 6-51

（2）执行 Window-Rendering Editors-Hypershade 命令，打开 Hypershade 窗口，创建一个 PhongE 材质，系统会将这个材质命名为 PhongE1。

双击 Hypershade 窗口中的 PhongE1 材质，打开它的属性面板。在调节材质的属性之前，先将材质指定给石头模型，并打开 IPR 渲染窗口，边调节材质边观看结果。

先将物体的固有色进行改变，矿石一般都不会有普通石头那样的灰色，把它调节得稍微偏绿一些，如图 6-52 所示。

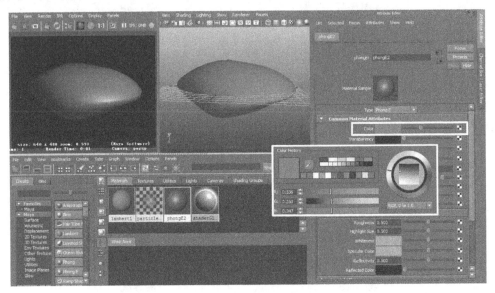

图 6-52

（3）下面要对其高光做一些调节，即设置 Specular Shading 卷轴栏下的参数。这些参数是 PhongE 材质所特有的属性，并不属于如前所述的公共属性，按照图 6-53 对这些参数进行设置。

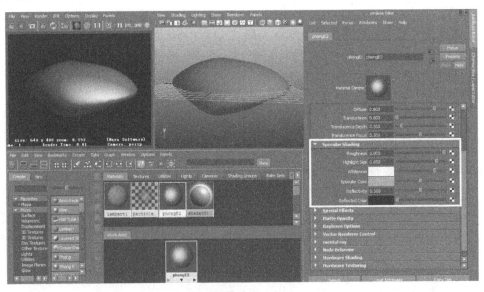

图 6-53

Roughness 属性用于调节高光的粗糙程度，值越大，高光边缘就越不圆滑，即粗糙度上升。由于矿石的表面有不规则的凹凸，因此它的高光不必处理得很光滑。

Highlight Size 属性用于调节高光尺寸的大小，值越大，高光面积就越大。

Whiteness 属性用于调节高光的亮度。

Specular Color 属性用于调节高光的颜色。但主要是调节色调，因为高光的亮度是由 Whiteness 来控制的。

（4）接下来给矿石加入凹凸效果。在材质属性栏里，单击 Bump Mapping 后黑白格子的标志，在弹出的贴图类型中选择 Cloud 贴图类型，如图 6-54 所示。

图 6-54

如果打开了 IPR 渲染窗口，就可以看到矿石表面出现了不规则的凹凸效果，如图 6-55 所示。

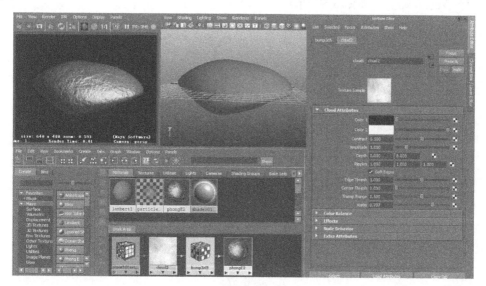

图 6-55

（5）由于还要加上一些发光的颗粒感，因此只凭借一种 PhongE1 材质是不可能完成的。所以现在就要使用 Layered Shader 材质了。

在 Hypershade 窗口中创建一个 Layered Shader 材质，它会被系统自动命名为 LayeredShader1。其实养成给材质命名的习惯很有必要，这对于复杂的场景而言可以使调节更加便捷。刚创建的 Layered Shader 材质在没有进行设定的时候，通常都会自己带有一个层，这个层几乎没什么用处，一般都会把它删掉。

现在用鼠标的中键将刚刚调节完毕的 PhongE1 材质拖到 LayeredShader1 材质的层级框中，然后单击 Layered Shader 材质自带的那个绿色层下面的叉号，将其删除，只保留 PhongE1 材质，并将 LayeredShader1 指定给模型，如图 6-56 所示。

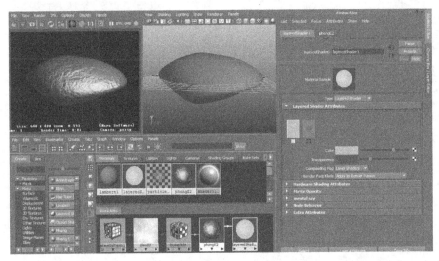

图 6-56

（6）在 Hypershade 窗口中创建一个 Phong 材质，系统会自动把它命名为 Phong1 材质。由于要加上一些矿物质的颜色，所以在调整颜色上稍稍偏蓝。然后为它的 Bump Mapping 加入一个 Fractal 贴图，如图 6-57 所示。

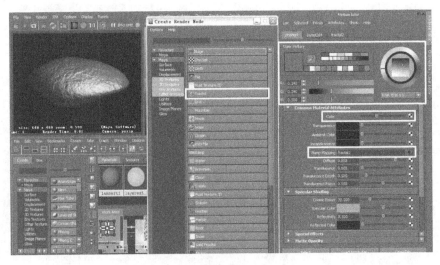

图 6-57

（7）在 Hypershade 窗口中展开 Phong1 材质的结点图，用鼠标单击位于左侧的 Place2dTexture15 结点（具体文件中这个名字可能会不一样，但要调节的具体结点一定要清楚），打开它的属性面板，在 Repeat UV（UV 轴向重复值）一栏中，将两个数值都调节为 10，使它们在 U，V 轴向上都重复 10 次，以提高杂点的密度，增加矿石闪亮点的数量，如图 6-58 所示。

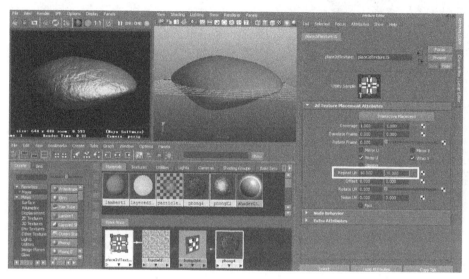

图 6-58

（8）在 Phong1 材质的结点图中，单击 bump2d4 结点，打开它的属性面板，在 Bump Depth（凹凸深度）栏中将数值改为 5，加深其凹凸深度，便于在最后的合成中使矿石的颗粒感更为强烈，如图 6-59 所示。

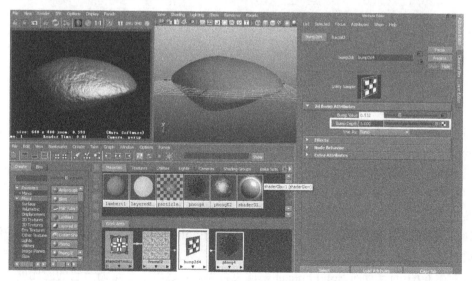

图 6-59

（9）单击鼠标选中 LayeredShader1 材质，使它的层级框在材质属性栏中显现出来。按住鼠标中键不放，将 Phong1 材质拖到 LayeredShader1 的层级框中。记得要把它放在

PhongE1 材质的前面，这样，Phong1 材质就会在最外面的一层，即在矿石的最表面，如果打开了 IPR 渲染窗口就可以看到指定以后所产生的效果，如图 6-60 所示。

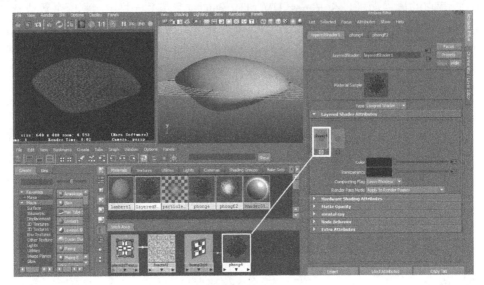

图 6-60

这时的 LayeredShader1 材质线框图如图 6-61 所示。

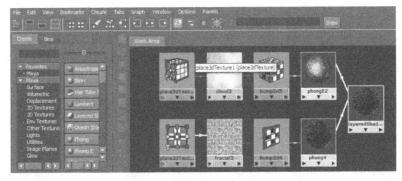

图 6-61

（10）现在要调节 Phong1 材质的透明度了，需要保留它的一些很突出的小颗粒感，使 PhongE1 材质的石头质感显现出来。

在 Phong1 材质的属性面板中，单击 Transparency（透明度）属性后的黑白格图标，在弹出的贴图类型中选择 Solid Fractal，这时渲染一张看看，矿石的质感已经初具效果了，如图 6-62 所示。

（11）接着要对 Transparency（透明度）里面的 Solid Fractal 贴图属性进行调整，使矿石的质感更加细腻。

按照图 6-63 的设置对 Solid Fractal 贴图进行调整，这里主要是调节它的对比度。前面也介绍过，Transparency（透明度）参数用于调节材质的透明度。黑色代表 100%不透明，白色代表全部透明，中间过渡的灰色越深则透明度越低，反之则越高。调节这些就是为了让 PhongE1 材质透出来的部分看上去更加自然。

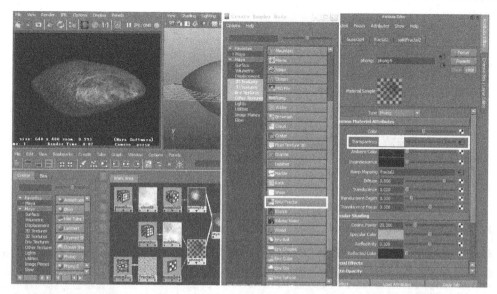

图 6-62

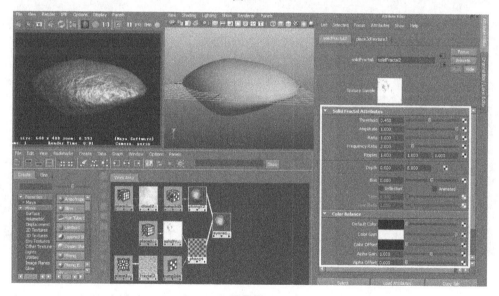

图 6-63

现在可以渲染一下看看整体效果了。最终的源文件参见 6-2-stone-ok.mb。

6.3 贴图应用实例——蛇皮效果

现在用一个复杂一点的实例来对贴图类型进行一次全面的练习。

图 6-64 就是这个实例的最终效果图。这个实例涉及的基本材质有 Lambert、Phong、Layered Shader；涉及的贴图类型有 Snow、Leather、Rock、Ramp、Solid Fractal。

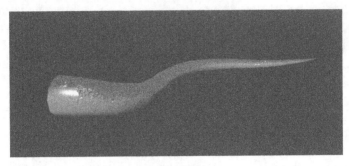

图 6-64

（1）打开 6-3-snake.mb 文件，如图 6-65 所示，这个简陋的蛇身是由一个圆形和一条路径挤压而成的。

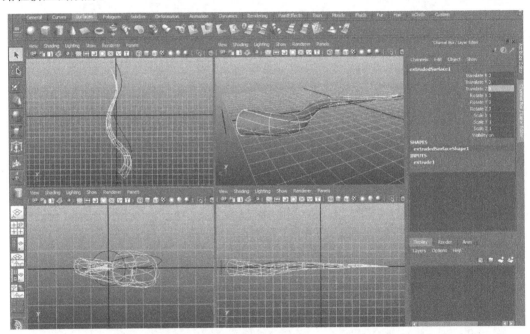

图 6-65

（2）首先创建一个 Lambert 材质，由于系统一般都会有一个默认的 Lambert1 材质，因此，刚刚创建的这个 Lambert 材质会被系统自动命名为 Lambert2。若使作图更规范，可以对这个材质进行重新命名。重命名的方法是：在想要重新命名的材质上按住鼠标右键不放，在弹出的悬浮面板中执行 Rename 命令，再输入名称。

将刚刚创建的 Lambert2 材质指定给蛇身模型。接着在 Hypershade 窗口中双击 Lambert2 材质，打开它的属性面板。在材质属性面板中，单击 Color 属性后的贴图钮，在弹出来的贴图类型选择面板中，单击 3D Textures 组中的 Snow 贴图钮，为 Lambert2 材质的 Color 属性指定一张 Snow 贴图。随后对视图进行观察，发现视图的中央出现了一个绿色线框的立方体标志，这是其特有的 3D 材质结点，它是随着 Snow 贴图的创建而自动添加上去的，如图 6-66 所示。

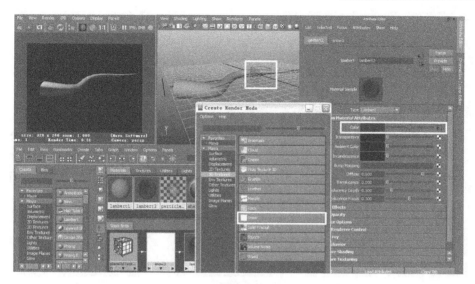

图 6-66

打开 IPR 渲染窗口，对刚刚指定了 Lambert2 材质的模型进行渲染，发现模型此时分成了两部分，上面部分是白色，而下面部分是红色，如图 6-67 所示。

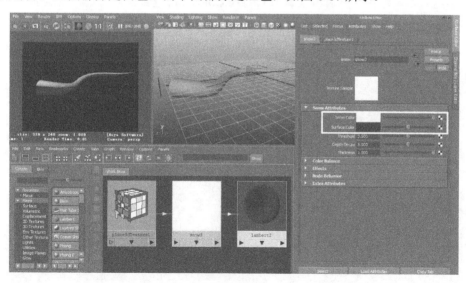

图 6-67

这就是 Snow 贴图的不同之处，它可以把物体的材质分为两个部分，一上一下。对于蛇皮这样的材质来说，上面应该是鳞甲，而下面的腹部则较为柔软，接下来就是把这上下两个材质分别调节为鳞甲和腹部的效果。

（3）单击 Hypershade 窗口中 Lambert2 材质的 Snow 结点，进入 Snow 贴图的属性面板。单击 Snow Color 属性栏后的贴图钮，在弹出来的贴图类型选择面板中，单击 3D Textures 组中的 Leather（皮革）贴图钮，如图 6-68 所示。

Leather（皮革）贴图的表面上有很强的纹理，很像鳄鱼的皮肤，因此选择它来作为鳞甲的贴图类型。虽然它的贴图类型名称为 Leather（皮革），但并不等于它就只能做皮革的材质。利用它甚至可以模拟出大面积的混凝土，塑料泡沫，或者是其他材料。

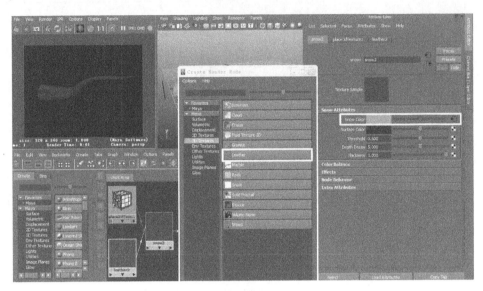

图 6-68

（4）单击 Hypershade 窗口中鳞甲的结点，进入鳞甲的属性调节面板，调节 Cell Color（细胞颜色）为黄绿色。然后再来调节 Crease Color（折缝颜色）为一种较深的灰色。

设置 Cell Size（细胞尺寸）为 0.2，这个属性的值越大，鳞甲也会变得越大，反之则越小。现在希望有一个排列比较密集的鳞甲，因为蛇并不等同于鳄鱼，如图 6-69 所示。

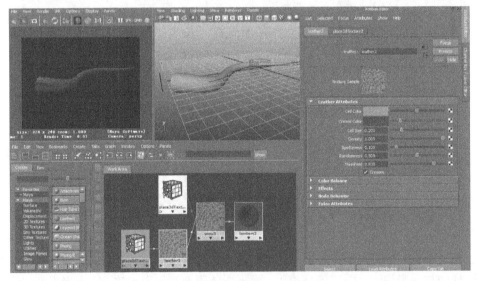

图 6-69

（5）接下来调整腹部的材质。依然回到 Snow 贴图的属性调节面板中，在 Surface Color（表面颜色）属性中，单击其后的贴图钮，在弹出的贴图类型选择中，单击 3D Textures 组中的"Rock"按钮，指定给 Surface Color 属性一个 Rock 贴图类型，如图 6-70 所示。

Rock（岩石）贴图类型也是一种比较特殊的贴图，它可以在表面上随意分布一些杂点，使物体的表面产生很多颗粒状的效果，很适合表现岩石之类的物体，对于一些需要表现表面有细小颗粒的物体也相当有用。

图 6-70

（6）在 Rock（岩石）贴图的属性设置面板中，单击 Color1 后的贴图钮，在 2D Textures 组中再创建一个 Ramp 贴图，如图 6-71 所示。

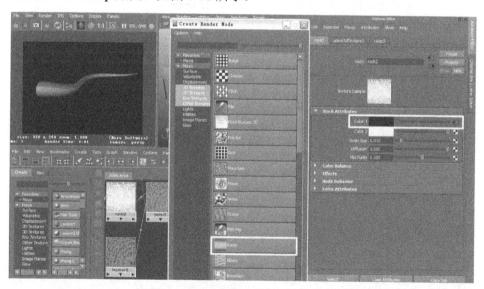

图 6-71

（7）现在要对刚刚创建的 Ramp 贴图的属性进行一系列的调节。

在 Hypershade 窗口中单击刚刚创建的 Ramp 结点，进入其属性设置面板，调节其 3 个过渡的颜色为黑、黄、黑。调节的方法是单击颜色左边的小圆圈，如果单击右边的小方框就会删除这个颜色。在下面的 Selected Color 右侧的颜色框中会显示出所选择的颜色。单击颜色框，可以对颜色进行调节。

再在此属性面板的 Type 属性栏中，展开其下拉菜单，在其中选择 U Ramp，使颜色变为纵向渐变。在 Type 属性下面 Interpolation 栏中，展开其下拉菜单，单击鼠标选择 Smooth 类型，如图 6-72 所示。

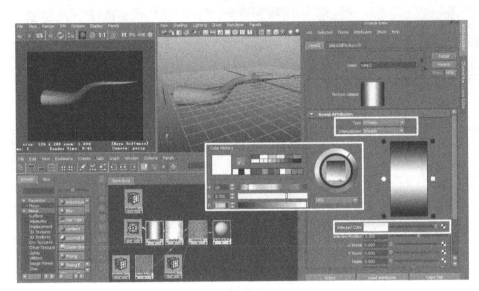

图 6-72

（8）在 Hypershade 窗口中单击 Rock 结点，在 Rock 的属性设置面板中，单击 Color2 右侧的颜色框，在弹出的颜色调节器中将其调节为亮黄色

在下面的 Grain Size（颗粒大小）属性中，输入数值 0.4，按键盘的 Enter 键进行确定，这时会看到颜色过渡区产生了变化，增加了不规则的渐变效果，如图 6-73 所示。

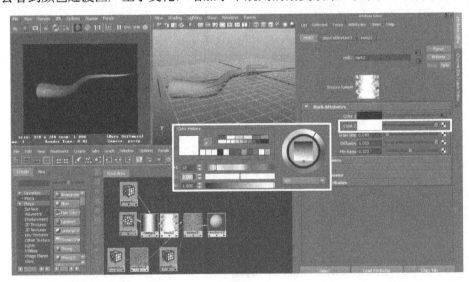

图 6-73

这样，蛇皮的基本材质就差不多设定完毕了，但鳞甲与腹部皮肤之间的过渡太尖锐，有一条明显的分界线，这在现实中是不可能存在的，还要对此进行调节。

（9）单击 Hypershade 窗口中的 Snow 贴图结点，打开它的属性设置面板，调节 Threshold 值为 0.2（默认值为 0.5），Depth Decay 值为 2.5（默认值为 5），如图 6-74 所示。

对比调节边缘过渡前后的区别，如图 6-75 和图 6-76 所示，调节以后的过渡面显得比较自然，而调节前是比较生硬的。

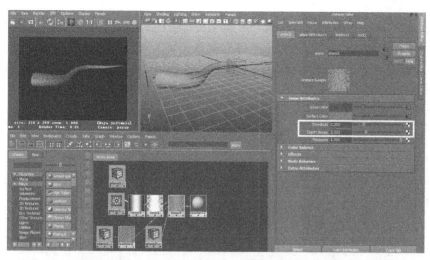

图 6-74

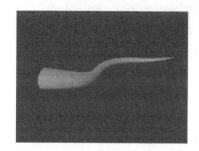

图 6-75

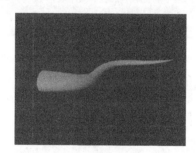

图 6-76

（10）接下来要为鳞甲上面的材质增加凹凸感。在 Hypershade 窗口中单击 Lambert2
材质，进入它的属性面板。单击 Bump Mapping 属性栏后的贴图钮，在弹出来的贴图类型
选择面板中，单击 3D Textures 组中的 Snow 贴图钮。

展开 Snow 贴图的属性设置面板，按住鼠标中键不放，将 Hypershade 窗口中的 Leather
结点拖到 Snow Color 属性上，使两个结点连接上，如图 6-77 所示。

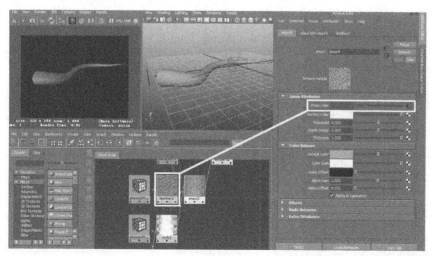

图 6-77

（11）调节 Snow 材质的属性参数，将 Surface Color 颜色调节为浅红色。调节 Threshold 值为 0.2（默认值为 0.5），Depth Decay 值为 0.33（默认值为 5），如图 6-78 所示。

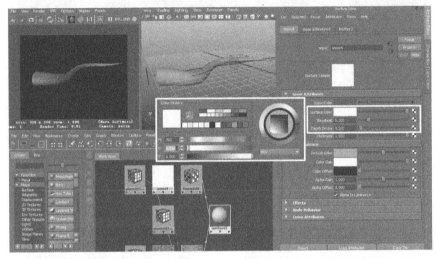

图 6-78

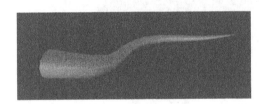

图 6-79

调节完毕，渲染出来的效果如图 6-79 所示。

这样，蛇身的基本材质就调节出来了，但怎么看都觉得有些不协调，主要是蛇身表面太干净了，而且也没有光泽感。下一步就要针对这些不足进行调节。

（12）由于要添加一些杂质上去，所以就要用到 Layered Shader 基本材质了。在 Hypershade 窗口中，创建一个 Layered Shader 基本材质。按住鼠标中键不放，将刚刚调节完毕的 Lambert2 材质拖到 Layered Shader 材质的层级框中，并将系统自动创建的那个绿色材质的层级删掉，如图 6-80 所示。

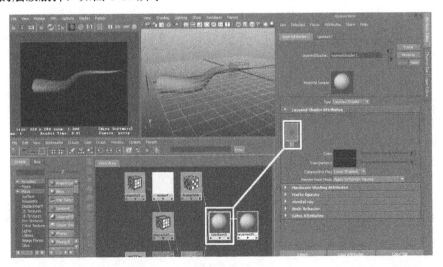

图 6-80

（13）现在要添加一个做杂质的材质作为 Layered Shader 的杂质层。在 Hypershade 窗口中，创建一个 Phong 基本材质。系统会自动命名为 Phong1。打开它的属性设置面板，在 Transparency（透明度）属性中单击贴图钮，在弹出来的贴图选择栏中，单击鼠标选择 3D Textures 组中的 Solid Fractal 贴图类型，如图 6-81 所示。

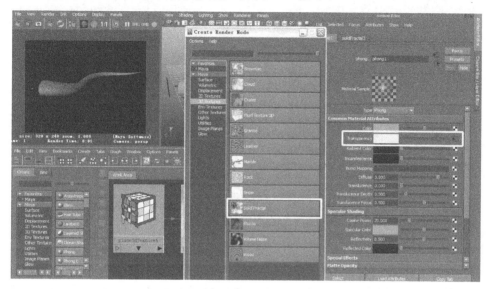

图 6-81

（14）进入 Solid Fractal 贴图的属性设置面板，调节 Threshold 值为 0.6，将其整体调白，即全部透明，主要是想要它高光的反射效果。调节 Amplitude 值为 0.75，并打开下面的 Color Balance 卷轴栏，将其中的 Default Color 调节为纯黑色，如图 6-82 所示。

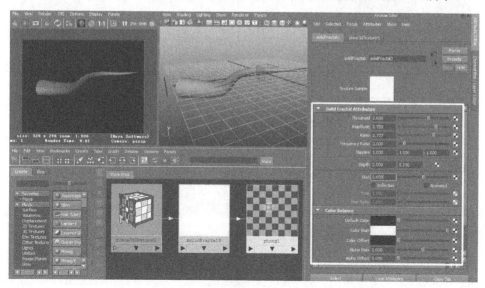

图 6-82

（15）将 Phong1 材质用鼠标中键拖给 Layered Shader1 材质的层级框，并依然用鼠标中键将其拖到层级框的最前面，再将 Layered Shader1 材质赋予视图中的蛇身模型。

这时对模型进行渲染，会发现蛇身出现了一道比较强烈的高光，这就是加上 Phong1
材质以后的作用，蛇身的光泽感已经出来了，如图 6-83 所示。

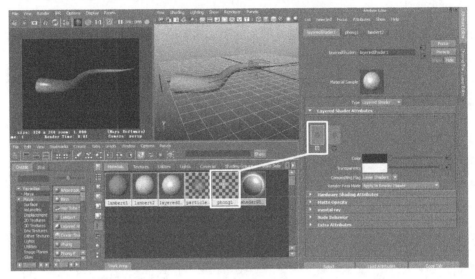

图 6-83

（16）回到 Phong1 材质的属性设置面板，在 Hypershade 窗口中将刚刚创建的 Solid
Fractal 贴图用鼠标中键拖到 Bump Mapping 属性的贴图钮上，增加一些凹凸效果，如图 6-84
所示。

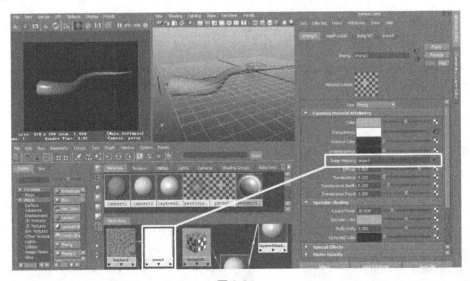

图 6-84

（17）回到 Phong1 材质的属性设置面板，打开 Specular Shading（高光设置）卷轴栏，
调节 Specular Color（高光颜色）为纯白色，使高光强烈一些。再将 Reflectivity（反射率）
值调节为 0.9，如图 6-85 所示。这样，一个完整的蛇皮材质就制作完毕了。这里涉及了很
多还没有介绍过的知识，为接下来系统阐述贴图类型起到预习的作用。这个实例的源文件
参见 6-3-snake-ok.mb。

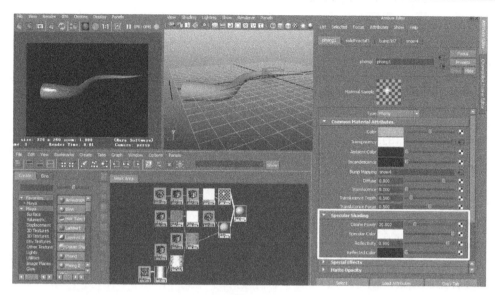

图 6-85

本实例最后的材质结点如图 6-86 所示。

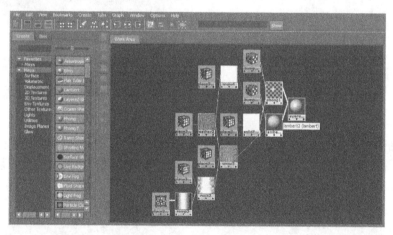

图 6-86

本实例的最终渲染效果如图 6-87 所示，注意蛇身上的高光部分，尤其是那些散乱的高光，这是实例要做的重点。

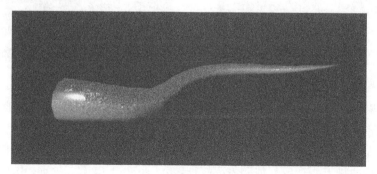

图 6-87

6.4 Maya 贴图类型

经过前面对贴图的预习，读者应该对于贴图这个名词已经不会感到陌生了。这一节的作用就是让读者对贴图有一个系统的了解和学习。

6.4.1 2D Texture（二维贴图类型）

Bulge 贴图：这是由一格一格的小方块和它们之间的分界线所组成的贴图类型，如图 6-88 所示。小方块和分界线之间的过渡很柔和，如图 6-89 所示是将一个 Bulge 贴图贴到一个球体上的效果。

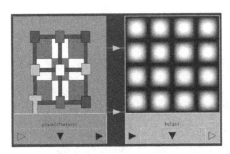 

图 6-88   图 6-89

Bulge 贴图在很多时候都被用作材质的 Bump 凹凸贴图，因为柔和的边界使凹凸过渡很柔和，如图 6-90 所示。但有时候针对它的某些特殊属性进行调节，也会出现一些意想不到的效果。图 6-91 就是调节了 Bulge 贴图的贴图坐标中的 Rotate UV（旋转 UV 坐标）和 Noise UV（UV 坐标杂点）属性以后所显示出来的效果。

图 6-90   图 6-91

Checker 贴图：它是由黑、白两种颜色的方格组成的贴图。从表面上看颇像国际象棋中的棋盘，它的名字也由此而来。

Checker 贴图由于它交错的方格排列方式，很适于表现地板砖，以及其他一些近似的物体。也可以将两种方格换成其他颜色或纹理，然后进行一些柔和处理，做成比较复杂的纹路。图 6-92 是 Checker 贴图的原始样子，图 6-93 是把默认的 Checker 贴图指定给模型后所产生的效果。

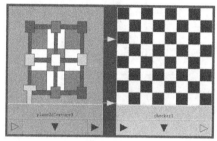

图 6-92

图 6-93

File 贴图：即文件贴图，使用一张数字图片作为贴图指定给物体，它可以最大限度地将 Maya 的材质功能发挥到极限。可以通过扫描仪将图片输入计算机作为贴图使用，还可以通过数码相机将影像拍下来，输入计算机，作为贴图来使用。

它的使用方法是创建一个 File 贴图文件，单击贴图文件属性面板中的 Image Name 后的文件夹小图标，在自己或别人的计算机中寻找贴图文件。也可以在 Image Name 属性后的输入栏中输入贴图文件所在的路径，如图 6-94 所示。

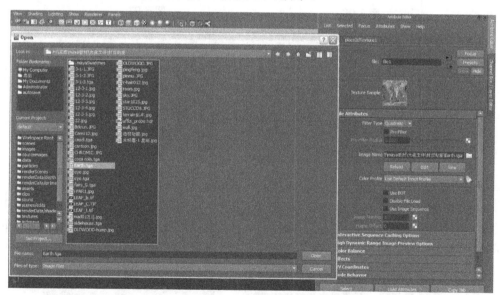

图 6-94

图 6-95 是一张地球的贴图，参见 Earth.tga 文件。图 6-96 和图 6-97 分别是将这个贴图文件赋予一个球体模型前后的结果，从中可以看到 File 文件的强大之处。

Fractal 贴图：直接翻译过来就是不规则碎片的意思，如图 6-98 所示。Fractal 贴图在很多时候都不会作为材质的 Color 贴图，即便有也是做烟雾熏烤的质感的时候才用得到。在绝大多数情况下，Fractal 贴图都被用来做材质的 Bump 贴图，模拟出一些不规则的凹凸质感，如图 6-99 所示，前面所做的矿石实例就是用它来模拟出石头的凹凸不平的质感。

图 6-95

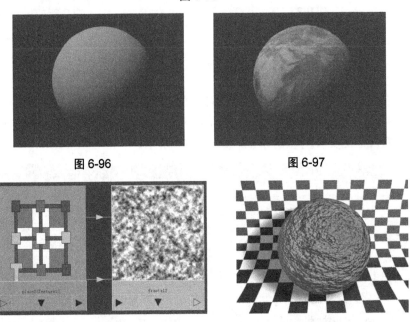

图 6-96   图 6-97

图 6-98   图 6-99

Grid 贴图：这也是一个由一格一格的小方块和分界线所组成的贴图类型，如图 6-100 所示。Grid 贴图有些类似于前面的 Bulge 贴图，但经过比较会看到，Grid 贴图不像 Bulge 贴图那样有柔和的过渡，如图 6-101 所示。

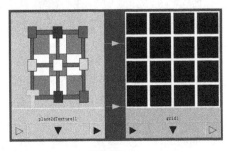

图 6-100   图 6-101

Grid 贴图一般作为 Color 贴图的用途不是很大，它在做 Bump 贴图的时候很适于表现瓷砖间隙的凹凸。甚至它还可以作为 Transparency（透明）属性的贴图，模拟一些网格状的物体。

Mountain 贴图：顾名思义，Mountain 贴图很适合表现山脉的质感，如图 6-102 所示，而且配上 Bump 贴图增加了整体的凹凸感以后，效果会更加逼真。它还适合于表现雪在地上快要融化的状态，当然，依然要搭配上 Bump 贴图。其实，它作为 Color 属性的贴图，经过一些细微的调整，还可以表现出一些其他的质感，例如鹌鹑蛋表面的质感，这是将 Amplitude 值调到 0.4 以后所表现出来的效果，如图 6-103 所示。

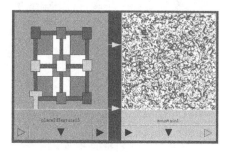

图 6-102　　　　　　　　　　　　　　　图 6-103

Movie 贴图：它是为了制作动画而使用的连续贴图，如图 6-104 所示。它可以将连续的图片导入场景，然后进行播放，很适合制作正在播放的电视机屏幕的贴图。

它可以导入一般的视频格式，导入的方法和 File 贴图文件一样。具体方法依然是单击 Movie 文件属性面板中的 Image Name 后的文件夹小图标，也可以直接输入视频文件所在的路径，如图 6-105 所示。

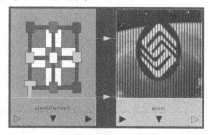

图 6-104　　　　　　　　　　　　　　　图 6-105

Noise 贴图：这是一个表现不规则杂点的贴图类型，如图 6-106 所示。其实很多贴图类型中也包含了这些，例如 Fractal 贴图、Mountain 贴图都有这种不规则的属性。但如果仔细观察就会发现，Noise 贴图的杂点是由大小不一的杂点组成的，这是它和其他贴图类型的区别，而且它的杂点大都为圆形，如图 6-107 所示。

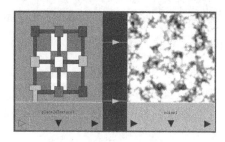

图 6-106　　　　　　　　　　　　　　　图 6-107

　　Water 贴图和 Ocean 贴图：由于这两个都是做水的贴图，因此将两个贴图类型放在一起进行对比介绍。从图 6-108 的 Ocean 贴图的原始状态和图 6-109 的 Water 贴图的原始状态可以看出，Ocean 贴图较之于 Water 贴图平缓但富于变化，Water 贴图各个色调之间对比度较强。

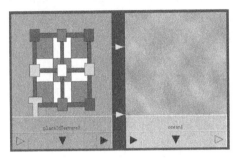

图 6-108

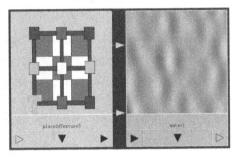

图 6-109

　　其实这两个材质基本都是用来做 Bump 贴图使用的，目的是表现水的流动和变化。在做水面颜色时，基本都要加上光线跟踪的属性，这也是一个很重要的属性，在后续的内容中会比较详细地介绍它。

　　Ocean 材质是 Maya 升级以后才加上去的。从基本材质到贴图类型都增加了一个 Ocean（海洋），这也说明了 Maya 对海洋的重视程度，从图 6-110、图 6-111、图 6-112 中可以看到 Water 贴图、Ocean 贴图和 Ocean 材质的属性设置面板，从中也可以看到它们的一些区别和联系。

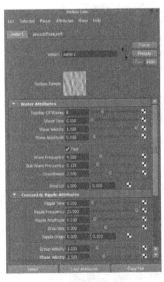

图 6-110

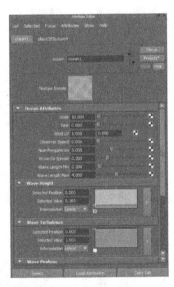

图 6-111

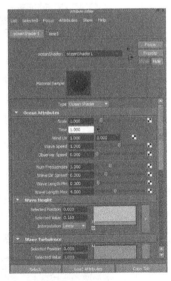

图 6-112

　　Ramp 贴图：是一种制作渐变效果的贴图类型。建立一个 Ramp 贴图类型以后，系统自动默认的就是蓝、绿、红 3 种颜色的渐变效果，如图 6-113 所示。

　　Ramp 贴图具有 9 种不同的混合类型和 7 种不同的混合方式，颜色也可以进行大幅的调整，如图 6-114 所示是它的 3 种不同的混合方式，全部都是默认值。

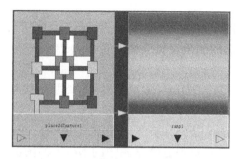

图 6-113

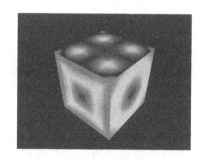

图 6-114

Cloth 贴图：它主要用来模拟布料的质感。从图 6-115 中创建的原始 Cloth 材质，以及图 6-116 中将 Cloth 贴图指定给模型的效果中就可以看出来，Cloth 材质的纤维感很强，对其密度进行一些调节就可以模拟出布料的质感。

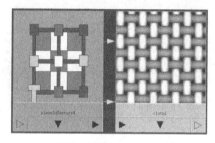

图 6-115

图 6-116

图 6-117 是用 Checker 贴图加上 Cloth 贴图模拟出来的布料质感，并运用了 Bump 贴图来模拟布料中一些很细小的缝隙，以增加布料的真实感。图 6-118 是这个效果的材质结点网。

图 6-117

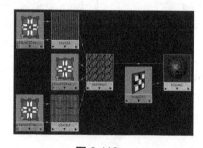

图 6-118

6.4.2　3D Texture（三维贴图类型）

在 Maya 的贴图类型中，2D Texture（二维贴图类型）就像是一块布，包在模型的外面；而 3D Texture（三维贴图类型）却让模型从内至外全部呈现它的质感，这就像一块石头，把它敲开裸露出来的依然呈现的是石头的质感，而如果把一块石头镀上一层金，那么从外表上看这是一块金子，但是把其敲开以后就会呈现出石头的真实质感，这层镀金只能影响石头的表面而不能影响石头内部，这就是 2D Texture（二维贴图类型）有别于 3D Texture（三维贴图类型）的地方。

当创建一个三维材质类型的时候，在视图中央会出现一个绿色线框的小立方体标志，这就是三维贴图类型自带的贴图坐标，与之对应的是在材质编辑器 Hypershade 中，与贴图一起创建出来的 place3dtexture，如图 6-119 所示。

3D Texture（三维贴图类型）的使用方法与 2D Texture（二维贴图类型）基本一致，都是作为材质属性的贴图而进行编辑和操作的。

Brownian 贴图：大多数情况下，Brownian 贴图都被用来做材质 Bump（凹凸）属性的贴图，能产生较强的喷涂效果，可以把它看做是三维贴图中的 Noise 贴图类型。它的大小不一，时断时续的点可以使物体表面产生很强的颗粒感，从而达到令人满意的效果。

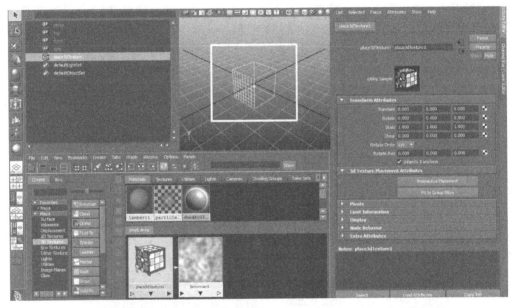

图 6-119

Brownian 贴图刚刚被创建出来的原始样子是黑白两色，并且中间有一些轻微过渡，如图 6-120 所示。当然也可以将它用到其他材质属性的贴图当中，并可以对它本身的颜色及过渡色进行调节，如图 6-121 所示。

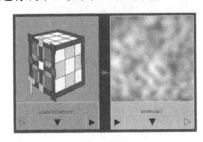

图 6-120

图 6-121

Crater 贴图：这是一种不同的颜色混合在一起的贴图类型。Crater 贴图创建的原始状态是由红、绿、蓝 3 种颜色进行混合的，如图 6-122 所示。图 6-123 是 Crater 贴图直接贴上去并加上了一些 Bump 贴图后的效果。

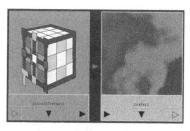

图 6-122　　　　　　　　　　　图 6-123

Granite 贴图：直接翻译过来就是花岗岩贴图，它上面有许多不规则的颗粒，用做花岗岩很适合。如图 6-124 所示是默认的 Granite 贴图。图 6-125 是将 Granite 贴图指定给模型以后的形态。

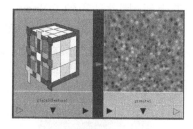

图 6-124　　　　　　　　　　　图 6-125

Leather 贴图：直接翻译过来就是皮革贴图的意思。如图 6-126 所示是默认的 Leather 贴图。它很适合表现皮革上细微的褶皱，甚至可以表现出动物身上的皮肤。它一般用做 Bump 贴图，前面的蛇皮实例就用到了 Leather 贴图，如图 6-127 所示。

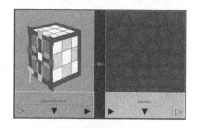
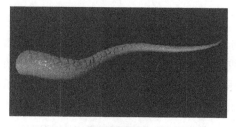

图 6-126　　　　　　　　　　　图 6-127

Marble 贴图：它是模拟天然大理石的贴图类型。它的默认状态如图 6-128 所示。图 6-129 是调节了一些参数后所表现出的样子。

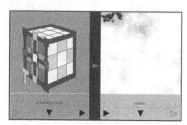
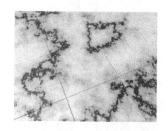

图 6-128　　　　　　　　　　　图 6-129

Rock 贴图：此贴图是模拟岩石的一种贴图纹理，表面上的颗粒可以随意调节数量及大小，将它用于 Bump 属性的贴图，可以模拟出岩石表面由于风吹日晒所出现的状态。

图 6-130 是未加任何调节的 Rock 贴图，图 6-131 是指定给模型的 Rock 贴图。

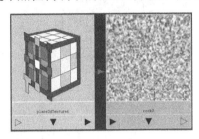

图 6-130　　　　　　　　　　图 6-131

　　Snow 贴图：它是分为上下两种颜色的贴图类型。在前面的蛇皮材质实例中，就是因为蛇的上半部分是鳞甲，下半部分是质感较白的腹部，因此就用到了 Snow 材质。图 6-132 是默认的 Snow 贴图，图 6-133 是赋予了模型的 Rock 贴图，看它的反光确实出现了一些其他贴图中不可能出现的效果，尤其是顶部发白，如果运用到山脉的模型上确实能出现一种积雪的效果。

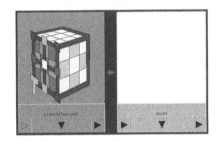

图 6-132　　　　　　　　　　图 6-133

　　Solidfractal 贴图：这也是一个用来做不规则纹理的贴图类型，适合于模仿污痕。由于它的纹理有虚化的边缘，因此也很适合表现烟雾甚至烟熏过的状态。而它作为 Bump 贴图也有很强的功能。图 6-134 是默认的 Solidfractal 贴图，图 6-135 是指定给模型的 Solidfractal 贴图，稍微加了一些发光的特效。

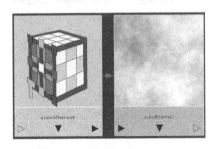

图 6-134　　　　　　　　　　图 6-135

　　Stucco 贴图：乍一看和介绍过的 Crater 贴图很相像，但对它们进行一番比较以后就会发现，Crater 贴图是由 3 种颜色混合而成的，而现在要介绍的这个 Stucco 贴图则是由两种颜色进行混合而成的。虽然这仅仅只是一种颜色上的区分，但却构成了两个不同的纹理贴图。图 6-136 是默认的 Stucco 贴图，图 6-137 是指定给模型的 Stucco 贴图，并加上了一些凹凸的效果。

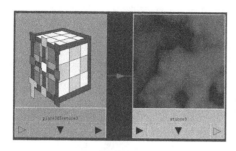

图 6-136　　　　　　　　　　　　图 6-137

Volume Noise 贴图：可以看做是 3D Texture（三维贴图类型）中的 Noise 贴图纹理，有大量无规则分布的杂点，使这个纹理贴图经常被用在 Bump 属性栏上。用它来模拟表面比较密集的凹凸颗粒感非常合适，甚至可以将它的颗粒密度调高，模拟不锈钢表面的纹理。图 6-138 是默认的 Volume Noise 贴图，图 6-139 是指定给模型的 Volume Noise 贴图，可以仔细观察一下它的颗粒。

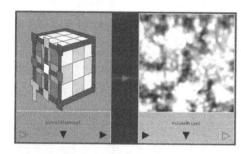

图 6-138　　　　　　　　　　　　图 6-139

Wood 贴图：此贴图是用来模拟木纹质感的一种贴图纹理。由于它的可调节参数很多，甚至可以根据设定的树龄来调节木头的质感，因此在做一些高分辨率的图像时，它作为软件内部的程序贴图是经常被用到的。图 6-140 是默认的 Wood 贴图，图 6-141 是指定给模型的 Wood 贴图。

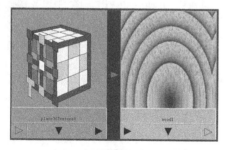

图 6-140　　　　　　　　　　　　图 6-141

Cloud 贴图：它可以模拟天空中云彩的效果，或用来模拟其他的一些烟雾效果。它的互动性很强，不一样的参数设置能够做出多种不同的形态。

Cloud 贴图刚刚创建出来就是云彩的样子，如图 6-142 所示。一般情况下，Cloud 贴图是配上 Env Sky 环境贴图来进行使用的，这会使它的效果更加真实，图 6-143 就是这样创建出来的。

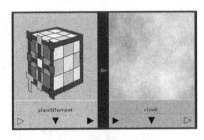
图 6-142

图 6-143

本 章 小 结

这一章比较系统和全面地介绍了 Maya 的基本贴图纹理类型，但要注意的是：在做影片时，Maya 内部的程序贴图并不一定都能满足需要，为了表现出真实的效果，往往使用高分辨率的外部图像文件。在自己做练习的时候，要有意识地练习一下程序贴图与外部贴图的结合，并注意多收集一些高分辨率的外部贴图文件。

作 业

1. 制作一支铅笔的模型，然后为这只铅笔调整材质，要求铅笔的木纹和铅的材质质感都要很好表现出来。

2. 结合第 4 章第三道练习题，为该教学楼调整材质，要求尽量按照真实的效果去调整。

3. 结合前面所学到的建模知识，把自己的学习或工作空间，在 Maya 中表现出来。图 6-144 为范例，是郑州轻工业学院动画系刘瑞芳完成的作品。

图 6-144

第 **7** 章

材质的实际应用案例

⯈ 7.1　贴图控制模型实例——逼真的树叶

现在使用一张贴图，就能完成一片树叶模型的制作。

（1）使用 Photoshop 打开 LEAF_C.TIF 图片，先使用魔术棒工具，单击图片中的白色区域，填充为黑色，再反选，将树叶部分填充为白色，另存为 LEAF_t.tif。

回到刚打开 LEAF_C.TIF 图片时的状态，调节图片的对比度，使树叶的叶脉更加清晰，并另存为 LEAF_b.tif，如图 7-1 所示。

图 7-1

（2）打开 Maya，新建一个 Polygon Plane 模型，并设置片段数为 10×10。执行 Window→Rendering Editors→Hypershade，在 Hypershade 左侧 Create Maya Nodes 下单击 Blinn，创建一个 Blinn 材质球，如图 7-2 所示。

（3）双击 Blinn 材质球，打开它的属性设置面板，单击 Color 后的黑白格子贴图钮，在弹出的 Create Render Node（创建渲染结点）面板中单击 File，这时面板会自动切换到 File 结点的设置。单击 Image Name 后的文件夹图标，找到 LEAF_C.TIF 图片，双击确认，如图 7-3 所示。

（4）在 Hypershade 窗口中，使用鼠标中键将调好的 Blinn 材质球拖到 Plane 模型上，按键盘的"6"键，使场景显示贴图效果，可以看到树叶已经贴在 Plane 模型上了，如图 7-4 所示。

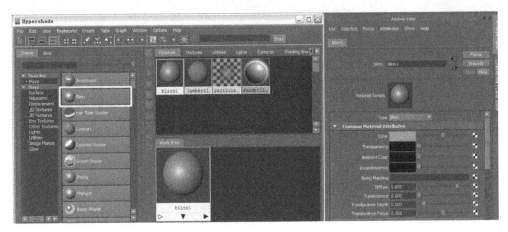

图 7-2

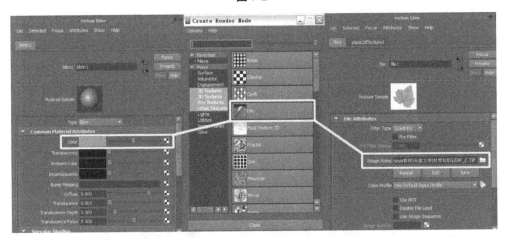

图 7-3

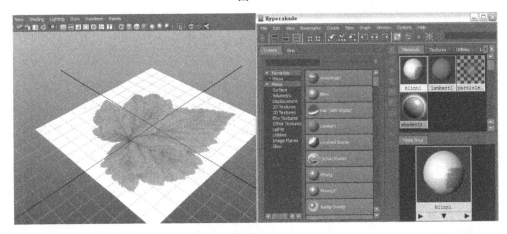

图 7-4

（5）现在需要把模型的白色部分去除掉。在 Hypershade 窗口中双击 Blinn 材质球，单击 Transparency（透明）后的贴图钮，在弹出的面板中单击 File，将先前制作好的 LEAF_t.tif 图片指定给它，如图 7-5 所示。

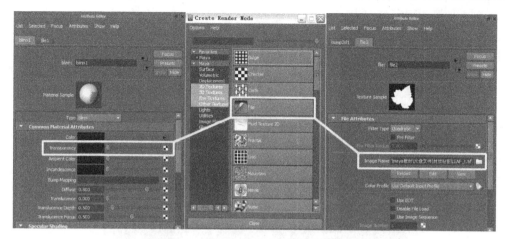

图 7-5

（6）单击菜单栏中的渲染设置按钮，并打开渲染设置面板，将 Maya Software 面板中的 Quality（渲染品质）设置为 Production Quality（产品品质），单击渲染会看到，树叶白色部分模型已经被消除了，但还是有白色的反光，如图 7-6 所示。

图 7-6

如果渲染发现透明部分正好反了，即白色部分依然存在，只是树叶部分透明了，可以进入 File 结点，在 Effects 卷轴栏下勾选 Invert（反相）即可。

（7）在 Hypershade 窗口中，选择 Blinn 材质球单击鼠标右键，在弹出的面板中单击 Graph Network，展开材质球的所有网格结点，使用鼠标中键将 LEAF_t.tif 所在的 file 结点拖到 Specular Roll Off 属性上，如图 7-7 所示。

Specular Roll Off 属性是控制反光的强度的，即白色是反光极强区域，黑色则是反光已经弱到看不到的区域。这时渲染场景会看到，白色部分的反光已经消除了，如图 7-8 所示。

（8）继续在 Blinn 材质的属性面板中，单击 Bump Mapping（凹凸贴图）后的贴图钮，将 LEAF_b.tif 指定给它，渲染后会看到，树叶的凹凸的质感出现了，但现在凹凸强度似乎太重了，如图 7-9 所示。

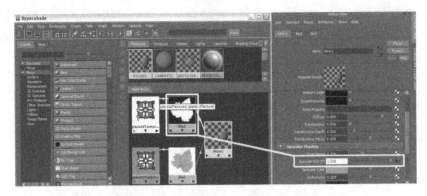

图 7-7

图 7-8

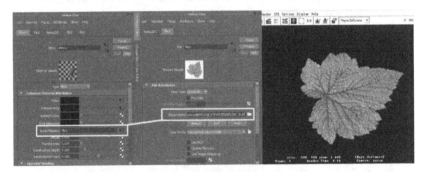

图 7-9

（9）在 Hypershade 窗口中，打开 Blinn 材质球的 Graph Network，找到 bump 结点，双击进入它的设置面板，将 Bump Depth（凹凸深度）值由默认的 1 调整为 0.2，如图 7-10 所示。

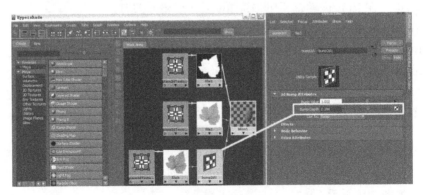

图 7-10

最后完成的文件 7-1-leaf-ok.mb，渲染效果如图 7-11 所示。

图 7-11

7.2 File 文件贴图实例——破旧的锁

打开 7-2-lock.mb 文件，这是一把锁的模型，接下来要为它添加材质，如图 7-12 所示。

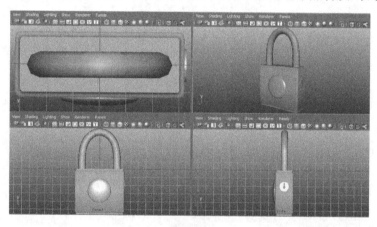

图 7-12

（1）打开 Hypershade 窗口，单击左边栏里的 Phong 材质，这时窗口的右侧编辑框内会出现一个全新的 Phong1 材质球。用鼠标中键按住 Phong1 材质不放，将它拖动给锁柄物体。也可以先选择锁柄物体，然后在这个 Phong1 材质上单击鼠标右键不放，选择 Assign Material To Selection，将材质指定给被选择物体，如图 7-13 所示。

（2）打开 Phong1 材质的属性面板，单击 Color 后的贴图钮，在弹出的选择材质类型面板中单击"File"按钮，再单击 File 层级的 Image Name 后的文件夹标志，选择 3-1-1.JPG 图片，如图 7-14 所示。

（3）这张材质图并非真实的铁锈，放在这里有些斑驳的感觉，虽然合适，但它的表面似乎太光滑了，没有铁锈的粗糙感，而且高光过于强烈，像是一种光滑的有纹理的石头，如图 7-15 所示。

图 7-13

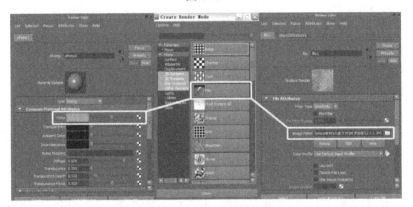

图 7-14

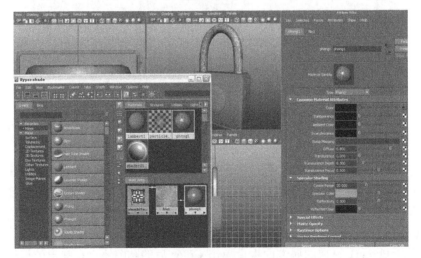

图 7-15

　　（4）首先双击 Hypershade 窗口中的 Phong1 材质球，单击 Bump Mapping 后的贴图钮，在弹出来的选择材质类型面板中单击 Brownian 材质，然后将 Bump Depth 设置为 0.15，如图 7-16 所示。

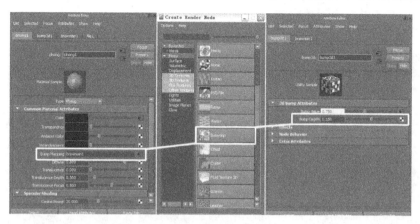

图 7-16

（5）调整后再来一次渲染以检查效果，发现锁柄的材质发生了明显的凹凸变化，高光也变得零零碎碎，从高光形状的角度来说效果还是不错的。但现在还有一个问题，就是高光似乎过于亮了，有铁锈的物体是不会像不锈钢一样有强烈的高光的，如图 7-17 所示。

图 7-17

（6）双击 Hypershade 窗口中的 Phong1 材质球，在它的 Specular Color 选项中单击它前面的颜色块，使它的颜色调节面板弹出来，然后在颜色调节面板中把高光颜色调暗一些，并使它的色调偏黄。一般来说金属的高光，只有那些不锈钢之类的光滑金属会有极其强烈的高光，而带有大量铁锈的金属只会使高光不再强烈。由于铁锈偏黄，也使得高光多多少少受到黄色调的影响，因此要把高光调暗，调黄，如图 7-18 所示。

图 7-18

（7）接下来调节锁身材质。在 Hypershade 窗口中单击创建一个 PhongE1 材质，并进入属性面板，单击材质属性面板中的 Color 后的贴图钮，选择 Material 文件夹的 3-1-2.JPG

图片并指定给锁身模型，如图 7-19 所示。

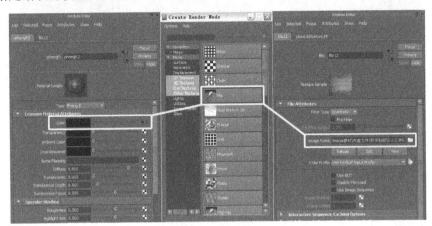

图 7-19

（8）这时可以看到，这张本来就是铁锈的材质贴在锁身的上面，似乎有一些破旧的感觉，这就是人们经常所说的"三分建模，七分材质"的含义，虽有些夸张，但也说明了材质在一件作品中的重要性。

测试渲染一张，发现这一张的锁身依旧有着过于平滑的毛病，可指定一张 Bump（凹凸贴图）来对其进行改进，如图 7-20 所示。

图 7-20

（9）为 PhongE1 材质指定一张 Bump 贴图，在弹出的选择类型中单击 brownian 材质，这是一个三维的贴图材质，之所以和上面的二维材质不同，就在于二维材质只能模拟物体表面的材质，而三维材质则能够对物体的内部也进行纹理的处理。

调节 brownian 材质的参数，然后单击右上方 Presets 前面的三角形，进入 Bump 材质的属性面板，在 Bump Depth（凹凸深度）中将数值改为 0.5。

从这张渲染图中可以看到，锁身的质感还是不错的。现在的锁身和锁柄放在一起了，上面的主色调是黄色，而下面的主色调却偏红，怎么看都不协调，因此还得继续对它们进行一些调整才行，如图 7-21 所示。

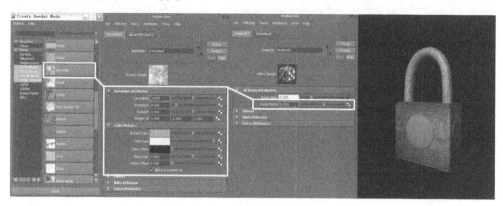

图 7-21

首先要考虑的是，是调节上面的锁柄还是调节下面的锁身的问题。如果锁柄加上红色调，感觉像是被"烤"红的。

那就要把锁身上的红色去掉一些。学过美术的都知道，红色的补色是绿色，这就需要加一些绿色上去以减弱红色调。

（10）在 PhongE1 的属性面板中，把 Ambient Color 属性中原先的纯黑色调成深绿色。调节一下 Specular Color（高光颜色），把它也调得深一些，因为锁身是不会有那么强烈的高光的，尤其是有了锈斑以后，它的高光会变得很不明显。再来渲染一张，如图 7-22 所示。

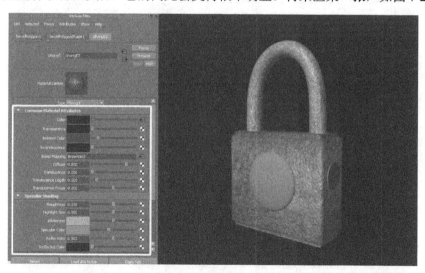

图 7-22

（11）现在来调节锁身前面凸起物的材质，首先对它的材质进行分析，发现它的光泽度和平滑度应该和锁柄相似，不同的是它的高光以及它的本身都要亮一些。

单击锁柄的 Phong1 材质，在 Hypershade 的菜单中执行 Edit→Duplicate→Shading Network 命令，复制出一个 Phong2 材质。选择 Phong2 材质，用中键把它拖动到下面的 Work Area 窗口中，右键按住不放，选择 Graph Network，使它的结点链接显示出来，把结点中的 bump3d7 和 brownian8 删除，如图 7-23 所示。

图 7-23

（12）指定 3-1-3.tga 图片给 Phong2 的 Bump 贴图，这样就完成了图案纹理的指定。进入 Phong2 材质球的设置面板，将它的 Ambient Color 和 Specular Color 都调节得更亮一些，以区分开锁柄的材质，如图 7-24 所示。

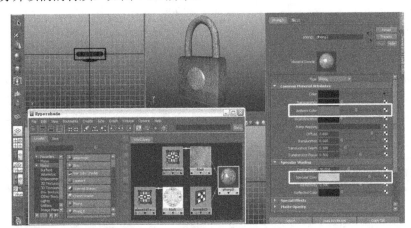

图 7-24

最终完成文件是 7-2-lock-ok.mb，效果如图 7-25 所示。

图 7-25

7.3　文字的华丽质感实例

打开 7-3-text.mb 文件，场景中的文字模型被分为了表面、倒角面、立面 3 个部分，这样便于逐个添加材质，如图 7-26 所示。

图 7-26

7.3.1　文字模型的基本材质

（1）新建一个 Lambert2 材质，调整它的颜色为深蓝色，并将它指定给地板模型，如图 7-27 所示。

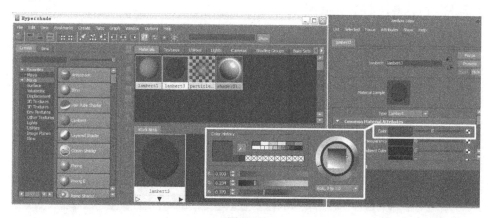

图 7-27

（2）新建一个 Blinn1 材质，打开它的属性面板，在 Specular Shading 卷轴栏下，调整 Eccentricity 值为 0.4，稍稍扩大一些高光的范围；调整 Specular Roll Off 值为 1，使高光变得强烈；调整 Specular Color（高光颜色）为纯白色，并将材质指定给文字最上面的表面模型，如图 7-28 所示。

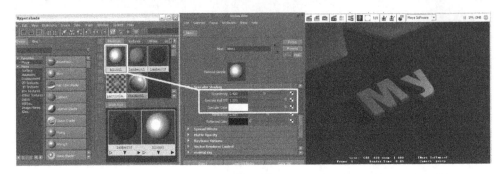

图 7-28

（3）现在为 Blinn1 材质加上表面的金属磨砂质感。单击 Bumped Mapping 属性后的贴图钮，选择 Noise 贴图，在 Noise 贴图坐标面板中设定 Repeat UV 值都为 20，使颗粒增多，再将 Bump Depth（凹凸强度）设置为 0.2，如图 7-29 所示。

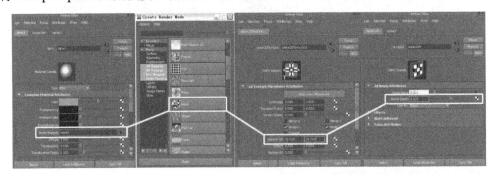

图 7-29

（4）新建一个 Blinn2 材质，为 Color 属性添加一个 Ramp 贴图，这种类型的贴图可以设置各种渐变效果。在 Ramp 贴图的设置面板中，设置 Type 为 U Ramp，并调整渐变的 3 种颜色为灰、白、灰，如图 7-30 所示。

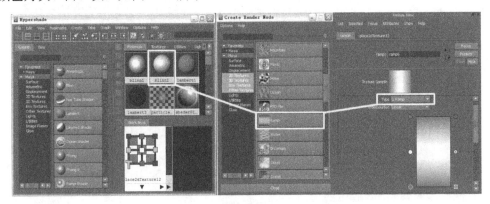

图 7-30

（5）回到 Blinn2 材质的属性面板，设置 Special Effects 卷轴栏下的 Glow Intensity 值为 0.05，这样可以使材质产生一些柔光效果。将 Blinn2 材质球指定给文字的导角模型，如图 7-31 所示。

指定材质前后的模型效果如图 7-32 所示。

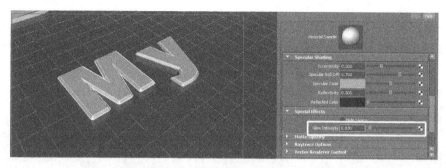

图 7-31

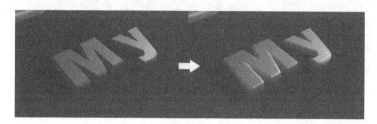

图 7-32

（6）回到 Blinn2 材质的属性面板，为 Specular Shading 卷轴栏下的 Reflected Color 属性添加一个 Ramp 贴图，调整 Ramp 贴图的 Type 为 Diagonal Ramp，并设定多次黑白渐变，渲染会看到导角质感更加细腻，如图 7-33 所示。

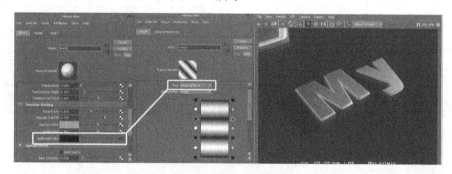

图 7-33

（7）接下来设置文字立面模型的材质。新建 Blinn 材质，为 Color 属性添加 Ramp 贴图，调整 Ramp 的 Type 为 U Ramp，设置渐变色为深绿、绿、深绿，并指定给文字的立面模型，如图 7-34 所示。

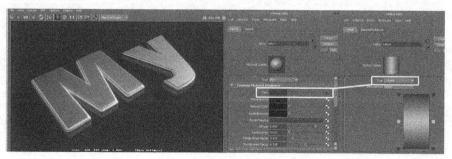

图 7-34

（8）现在要为立面模型的材质添加细节。为 Bump Mapping 属性添加一个 Grid 贴图，并进入 Grid 贴图的坐标面板，设定 Repeat UV 值为 8 和 4，凹凸强度保持不变，如图 7-35 所示。

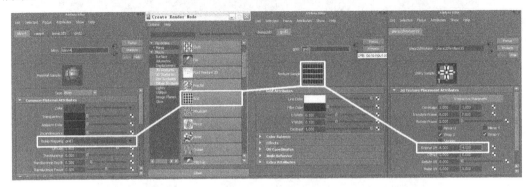

图 7-35

7.3.2 底部发光材质

（1）接下来要设置文字底部的反光效果，这一步就需要对模型进行一些调整。选中所有文字的立面模型，使用放缩工具整体放大一些，正好罩在文字模型的外面，然后将它们压扁，移动到文字下方，如图 7-36 所示。

（2）新建一个 Blinn 材质，并指定给刚刚制作好的底部模型。设置 Blinn 材质的 Color 属性为深绿色，并设置 Special Effects 卷轴栏下的 Glow Intensity 值为 4，增强光感，勾选 Hide Sourse，使底部模型隐藏，渲染时只显示发光效果，在如图 7-37 所示。

图 7-36

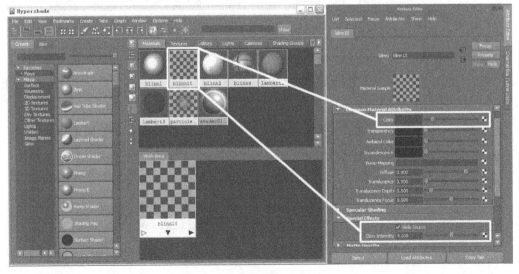

图 7-37

制作完毕的场景文件是 7-3-text-ok.mb，最终效果如图 7-38 所示。

图 7-38

7.4 材质的光线跟踪实例——玻璃效果

打开 7-4-glass.mb 文件，场景中桌子的材质已经设定好了，灯光也设置好了，需要注意的是每个杯子内还有一个模型，用来制作杯子中的水，如图 7-39 所示。

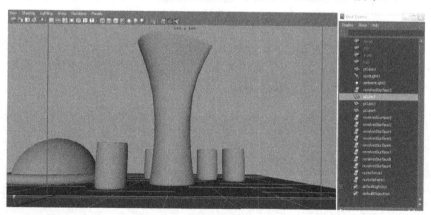

图 7-39

7.4.1 玻璃材质调节

（1）打开 Hypershade 窗口，新建一个高光最为强烈的 Phong 材质，然后选中场景内除了桌子和背景墙以外的所有模型，将 Phong 材质指定给它们，在如图 7-40 所示。

（2）打开 Phong 材质的属性面板，将 Diffuse 设置为 0，将 Cosine Power 设置为 246，这样可以使高光范围极小，再展开 Specular Color 的颜色选择框，设置 V 值为 1.6，普通的白色 V 值为 1，而设定的 1.6 可以得到更为强烈的高光，如图 7-41 所示。

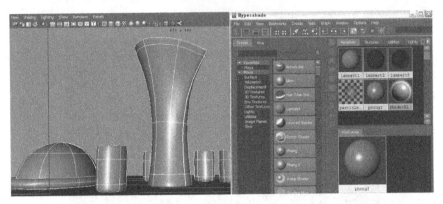

图 7-40

图 7-41

（3）打开 Phong 材质的 Raytrace Options 卷轴栏，勾选 Refractions，打开材质的折射效果，设定 Refractive Index（折射率）值为 1.44，即玻璃的物理属性的折射数值。渲染后会看到，现在的效果很差，如图 7-42 所示。

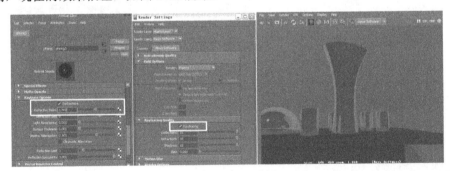

图 7-42

（4）打开 Hypershade 窗口，在 Work Area 中进行调整。在右侧的创建 Maya 结点中，单击 General Utilities 里面的 Sampler Info 结点，在 Work Area 中创建一个 Sampler Info 结点；单击 Color Utilities 内部 Blend Color 结点 3 次，创建 3 个 Blend Color 结点，如图 7-43 所示。

这种 Utilities 结点是基于物理计算的，我们创建的 Sampler Info 结点的作用是采样，而 Blend Color 结点则是混合两种颜色。

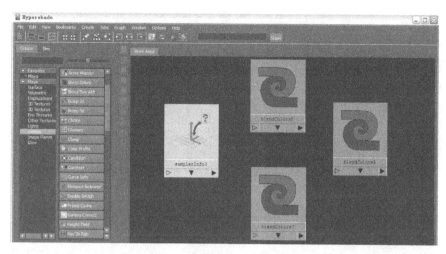

图 7-43

（5）按住键盘的 Ctrl 键，使用鼠标中键，将 Sampler Info 结点拖到其中一个 Blend Color 结点上，这时会弹出一个 Connection Editor（属性连接编辑器），先单击左侧 Sampler Info 结点的 FacingRatio 属性，再单击右侧 Blend Color 结点的 blender 属性，将这两个属性连接在一起。使用同样的方法，也将 Sampler Info 结点的 FacingRatio 属性和另外两个 Blend Color 结点的 blender 属性连接在一起，如图 7-44 所示。

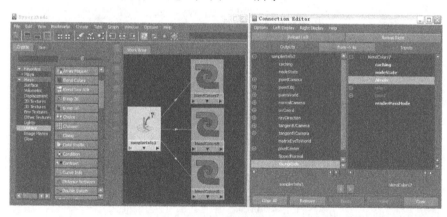

图 7-44

（6）打开 Phong1 的属性面板，使用鼠标中键，将 3 个 Blend Color 结点分别拖到 Color、Transparency 和 Reflectivity 属性上，其中拖到 Reflectivity 属性上会弹出一个 Connection Editor（属性连接编辑器），先单击左侧 Blend Color 结点的 Output 前面的小加号，使之展开，单击 OutputR 属性，再单击右侧 Phong1 材质的 reflectivity 属性，这样就将这两个属性连接在一起了，如图 7-45 所示。

（7）接下来分别调整 3 个 Blend Color 结点的属性。先打开连接到 Color 属性上的 Blend Color 结点的属性面板，设置 Color1 为 V 值 0.4 的灰色，设置 Color 为 V 值 0.6 的灰色，设置如图 7-46 所示。

（8）打开连接到 Transparency 属性上的 Blend Color 结点的属性面板，设置 Color1 为纯白色，设置 Color 为 V 值 0.8 的灰色，设置如图 7-47 所示。

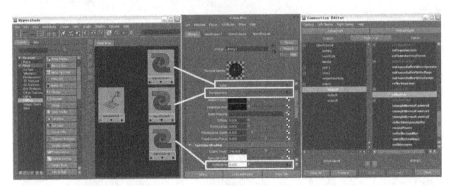

图 7-45

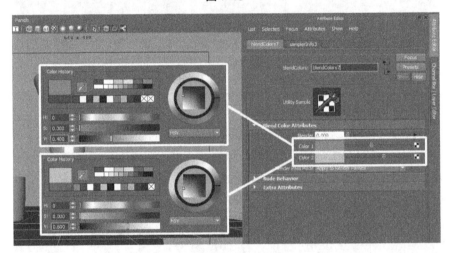

图 7-46

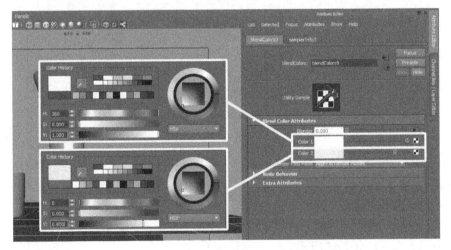

图 7-47

（9）打开连接到 Reflectivity 属性上的 Blend Color 结点的属性面板，设置 Color1 为 0.28 的灰色，设置 Color 为 V 值 0.5 的灰色，设置如图 7-48 所示。

（10）渲染后可以看到，现在已经有一些玻璃效果了，如图 7-49 所示。

新建一个 Lambert 材质球，并为 Color 属性指定一个 Checker 贴图，修改 Checker 贴图的 Repeat UV 值均为 80，如图 7-50 所示。

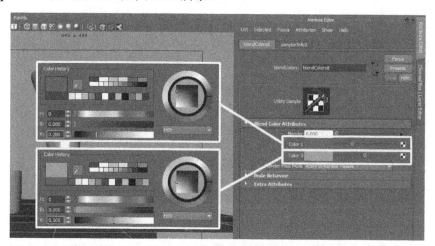

图 7-48

图 7-49

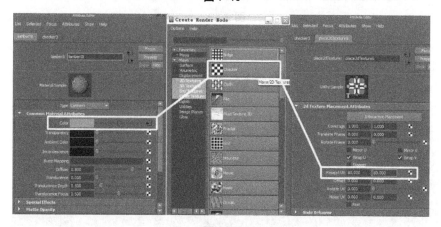

图 7-50

将调整好的 Lambert 材质指定给背景墙模型，渲染后可以看到玻璃的反射效果，如图 7-51 所示。

（11）选中 Phong1 材质，在 Hypershade 的菜单中执行 Edit-Duplicate-Shading Network 命令，复制出一个 Phong2 材质，将用它作为杯子中水的效果。打开 Phong2 材质 Color 属

性的 Blend Color 结点，调节为深黄和浅黄色，做出茶水的感觉。

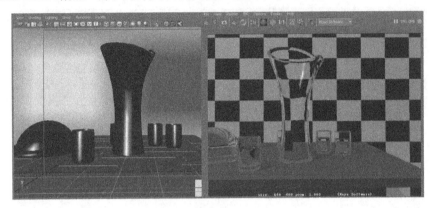

图 7-51

　　由于茶水不是完全透明的，因此再打开 Transparency 属性上的 Blend Color 结点，分别设置 Color1 和 Color2 为 0.6 和 0.2 的灰色，如图 7-52 所示。

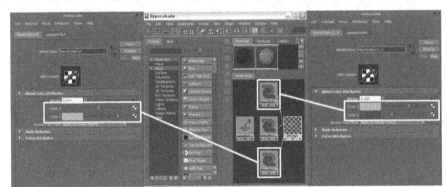

图 7-52

　　（12）进入 Phong2 材质的属性设置面板，设置它的 Refractive Index（折射率）值为 1.33，这是水的物理属性的折射数值。

　　将 Phong2 材质指定给杯子中水的模型，渲染效果如图 7-53 所示。

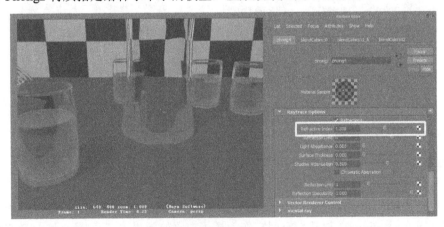

图 7-53

7.4.2 玻璃环境设置

好的玻璃效果需要有丰富的反射和折射，但由于场景中东西太少，除了正对镜头的背景墙以外，其他地方都是空的，所以玻璃没有东西可以反射，下面就来设置一下玻璃环境。

（1）新建一个 Polygon 球体，使用放缩工具放大，将这个场景都罩在里面。放缩的时候注意一下场景中的灯光，如果没有把灯光罩在里面，灯光和阴影效果就都会没有了，如图 7-54 所示。

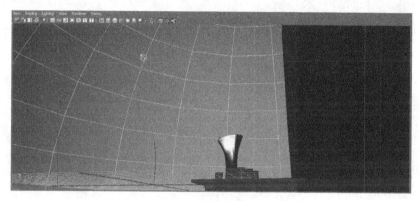

图 7-54

（2）新建一个 Lambert 材质并打开它的属性面板，单击 Color 属性后面的贴图钮，将 room.jpg 文件指定给它，这是一张室内照片。

将 Lambert 材质指定给新建的 Polygon 球体，渲染后发现玻璃上已经有了一些反射效果，但总的来说变化不大，如图 7-55 所示。

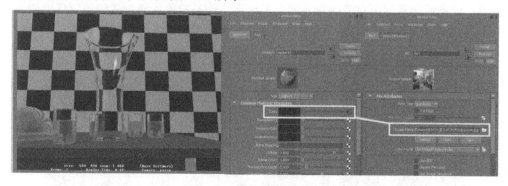

图 7-55

（3）这是因为球体受光太少，使得图片不能够被玻璃反射到。打开球体 Lambert 材质的属性面板，调整 Ambient Color 为纯白色，使材质能够自己发亮，再渲染就会看到反射效果已经很丰富了，如图 7-56 所示。

（4）现在来给玻璃添加反光板。创建一个 Polygon Plane 模型，将它放置在玻璃瓶的侧上方，并将其旋转，使其对着桌子。

新建一个 Lambert 材质球，将它的 Incandescence 颜色设置为纯白色，再将它指定给 Plane 模型，使模型完全呈白色，如图 7-57 所示。

图 7-56

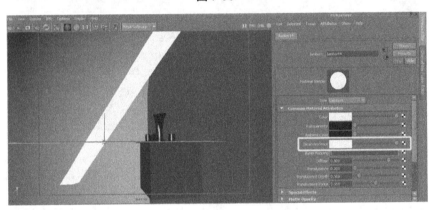

图 7-57

（5）渲染后会看到所有玻璃制品的左侧出现了一条白色反光，使玻璃质感更加强烈，但背景墙上却出现了一条黑边，这是由于反光板遮挡住了光源的照射，如图 7-58 所示。

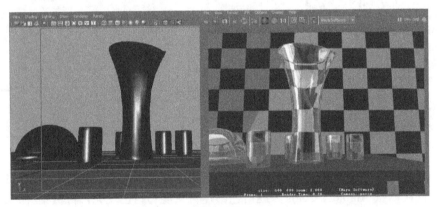

图 7-58

按 F6 键，进入 Rendering 模块，执行 Lighting/Shading→Light Linking Editor→Light-Centric 命令，打开灯光链接编辑器。在左侧选中 SpotLight1，这是场景的主光源，这时右侧的所有物体都呈灰色，表明场景中所有模型都受这盏灯的影响。单击 pCube5，使其呈白色显示，这样就取消了主光源与反光板的链接，再渲染就会看到背景墙上的那条黑边不见了,如图 7-59 所示。

图 7-59

(6)在场景的另一侧也创建 3 个反光板,并指定反光板的 Lambert 材质,然后在灯光链接中将它们清除,如图 7-60 所示。

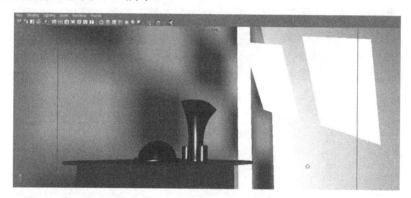

图 7-60

最终完成的源文件是 7-4-glass-ok.mb,本实例的最终效果如图 7-61 所示。

图 7-61

本 章 小 结

这一章挑选了一些常用的材质供读者学习。希望准确理解所使用的各项参数的意义，另外也可以把一些常用的材质保存起来，以便今后使用。

作　业

1. 临摹一张自己喜欢的三维静物作品，运用自己所学到的材质知识，尽力在临摹的作品上加入新的效果。

2. 参考一些成功的三维静物作品，并结合自己的实际生活学习环境，创作一张静物作品。

3. 找一张优秀的摄影作品或者油画作品，使用 Maya 将该作品在三维空间中还原出来。图 7-62 为范例，是郑州轻工业学院动画系王信龙完成的作品。

图 7-62

UV 划分和卡通材质

8.1 UV 坐标详述

在前面的学习中，已经或多或少地接触到了一个称为"贴图坐标"的名词，那么什么是贴图坐标？下面将用一个实例来说明。

现在打算做一个"可口可乐"的易拉罐瓶体。用旋转建模的方式做出易拉罐的瓶体，打开 "coca cola.tga" 文件，该文件效果如图 8-4 所示，这张图片作为它的文件贴图赋予刚刚所创建的材质，看看出现了什么，是不是乱七八糟的，如图 8-1 所示。

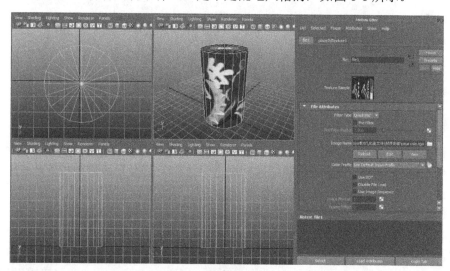

图 8-1

我们所使用的贴图文件看起来并没有什么问题，如图 8-2 所示。

一般而言，为模型赋予贴图，系统就会以默认的贴图坐标将贴图赋予物体，但对于需要精准对位的模型，系统默认的贴图坐标往往会出错。那么如何对模型设置相应的贴图坐标呢？

图 8-2

由于刚才创建的模型其实就是一个圆柱体，因此选择刚才创建的模型，执行 Create UVS（创建 UVS 坐标）→Cylindrical Mapping（圆柱体贴图坐标）命令，将一个圆柱体的贴图坐标赋予刚才所创建的模型。这时可以看到，环绕模型的周围出现了一些控制点，模型同样也被一些环状控制器包围起来，更令人惊喜的是：贴图已经以正确的方式贴到了模型上，如图 8-3 所示。

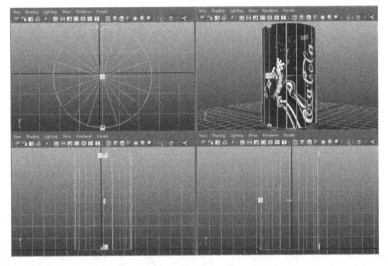

图 8-3

那些环绕在模型周围的绿色、红色的点就是调整贴图坐标的控制点。一般情况下，并不是所有的模型使用贴图坐标就能达到满意的效果，很多时候都需要手动对坐标进行调整，这些点就是为了这些调整而存在的。

贴图坐标在 Maya 中有 4 种基本类型，刚才使用的只是基本样式中的一个，很多模型并没有现成的贴图坐标可直接使用，所以需要对这些模型赋予特殊的贴图坐标，以达到使用者的要求。

在 Maya 中，多边形的贴图坐标一般有 4 种：Planar Mapping（平面贴图坐标），Cylindrical Mapping（圆柱体贴图坐标），Spherical Mapping（球体贴图坐标），Automatic Mapping（自动贴图坐标）。如图 8-4 所示就是 4 种不同的贴图坐标，分别赋予球体以后所显现出来的效果。

（1）Planar Mapping（平面贴图坐标）。它是以一个平面的方式，将贴图纹理投射在模型上。它的投射方式类似于幻灯机将影像投射在屏幕上。因此它的运用基本上都是在平面或类似于平面的物体上，但其他物体也可以配合 Alpha 通道进行使用，比如眼球的贴图方式就是将眼球以平面坐标投射在球体上，如图 8-5 所示。

图 8-4

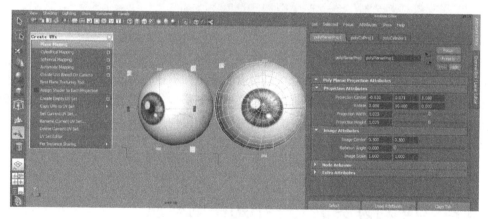

图 8-5

（2）Cylindrical Mapping（圆柱贴图坐标）。它是将物体以圆柱形的方式"包裹"起来的一种贴图坐标，适用于近似圆柱体的模型。Cylindrical Mapping（圆柱贴图坐标）一个很大的用处，就是使用在角色头部的贴图坐标设置上面，大多数的角色头部甚至身体的贴图坐标都是使用 Cylindrical Mapping（圆柱贴图坐标）来制作的，如图 8-6 所示。

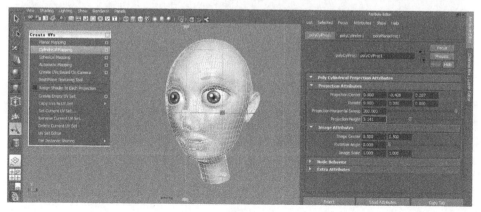

图 8-6

（3）Spherical Mapping（球形贴图坐标）。Spherical Mapping（球形贴图坐标）是一种以球体的方式将物体包裹起来，并将纹理图案垂直投影到物体上的贴图方式。它最大的优点是几乎无死角，适用于一些球体或者类似于球体的模型，如图 8-7 所示。

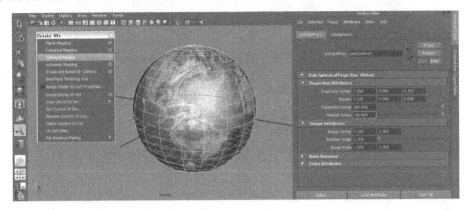

图 8-7

（4）Automatic Mapping（自动贴图坐标）。这是一个由系统随机生成的贴图坐标。它的特点就在于自动生成性和不规则性。它的主要作用并不在于赋予物体适合的贴图坐标，而是在于将物体的投影方式分成不同的块，以便在下一步的 UV Texture Editor（UV 贴图坐标编辑器）中进行整合，但由于系统的随机性，所以使用频率并不高。

8.2 UV 划分实例——小奶牛的材质

打开 8-1-Uvs.mb 文件，场景中有一个小奶牛的卡通模型，如图 8-8 所示。

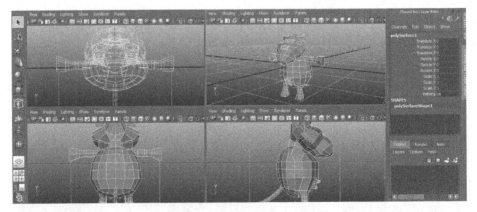

图 8-8

这个实例的最终效果，就是要把小奶牛材质的定位、绘制、贴图完成，如图 8-9 所示。

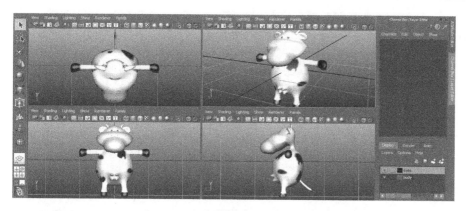

图 8-9

8.2.1 划分 UV

在制作之前先来了解一个编辑贴图坐标的命令。选中小奶牛模型，执行 Window→UV Texture Editor（UV 贴图坐标编辑器）命令，打开它的主界面，会发现贴图坐标非常乱，这样的坐标是无法准确定位的，更不用说按照 UV 坐标来绘制贴图了，如图 8-10 所示。

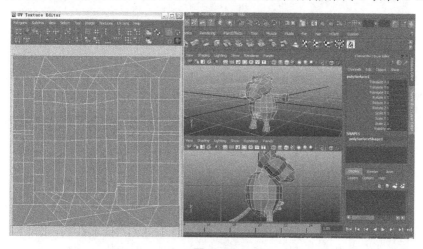

图 8-10

下面进行贴图坐标的定位，这一道工序在动画业内俗称"分 UV"，是比较枯燥的一部分，但也是角色制作中非常重要的一环。

（1）由于模型比较复杂，既不是圆柱也不是圆球，因此坐标要按照头部、身体、四肢的划分原则进行多次划分。

进入模型的面级别，选中小奶牛脖子以上的面，先来划分头部的 UV 坐标，如图 8-11 所示。

（2）执行 Create UVS（创建 UVS 坐标）→Cylindrical Mapping（圆柱体贴图坐标）命令，可以看到头部的正前方出现了一个环形控制器，但现在只有一半。

再执行 Window→UV Texture Editor 命令，打开 UV 贴图坐标编辑器，看到现在贴图坐标依然很乱，但已经可以分辨出耳朵、脖子等位置了，如图 8-12 所示。

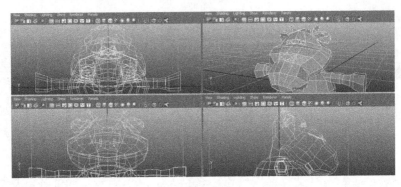

图 8-11

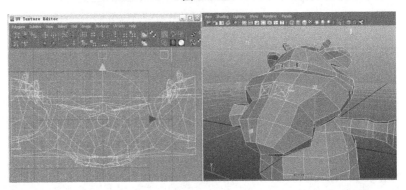

图 8-12

（3）在场景中按环形控制器的红色控制点，向头部的后方拖动，使环形控制器完全环绕头部模型。现在 UV 编辑器中坐标也发生了相应的变化，但依然比较乱，如图 8-13 所示。

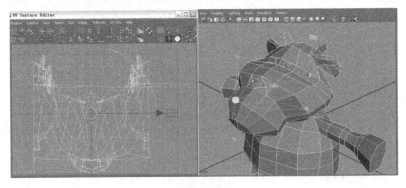

图 8-13

（4）在视图中寻找环形控制器下部的一个红色小十字，它是整个坐标的控制器。单击一下这个小十字，整个坐标的正中间会出现操纵控制器，可以对坐标进行整体的移动、旋转、放缩，将坐标在 X 轴向上旋转，将整个头部包裹住，如图 8-14 所示。

（5）在 UV Texture Editor（UV 贴图坐标编辑器）中，已经能够正确地分辨出眼睛、耳朵甚至鼻孔的位置了。在整个坐标编辑器的田字形坐标图中，只有右上的正方形才是有效范围，而头部目前占的空间太大。

使用坐标编辑器中的操纵控制器，将头部坐标缩小，移动到有效范围的左上方，如图 8-15 所示。

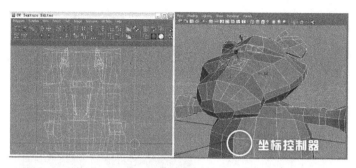

图 8-14

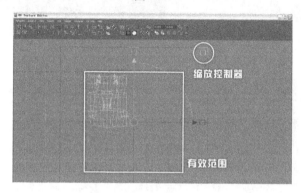

图 8-15

（6）继续划分身体的 UV 坐标。由于小奶牛的正面和背面区别较大，另外还希望能够比较清楚地在坐标图中分辨出正面和背面，因此将身体划分两次。

进入面级别，先在侧视图中框选身体正面的所有面，再在其他视图中按 Ctrl 键取消选择无关的面，如图 8-16 所示。

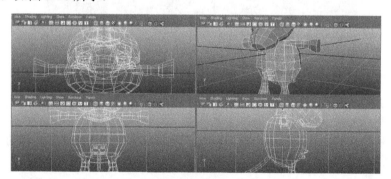

图 8-16

（7）打开 Create UVS（创建 UVS 坐标）→Planar Mapping（平面贴图坐标）的命令设置面板，设置 Project From 为 Z axis，即在 Z 轴向上投射坐标，这次在 UV 编辑器中显示没有问题，一次成功，如图 8-17 所示。

（8）继续设置背面的坐标，方法和上一个步骤一样，划分后在 UV 编辑器中，将正面和背面的贴图坐标都缩小，并放置在有效范围内，如图 8-18 所示。

（9）接下来划分四肢的坐标。选中一只手臂的所有面，执行 Create UVS→Cylindrical Mapping（圆柱贴图坐标）命令，但看到坐标和手臂的搭配有很大问题，如图 8-19 所示。

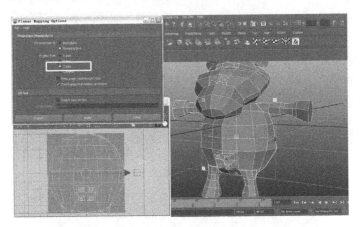

图 8-17

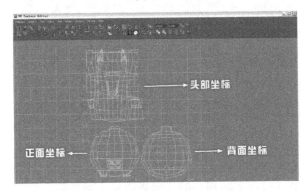

图 8-18

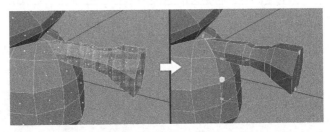

图 8-19

（10）依然是找到圆柱坐标的十字操纵器，对坐标进行整体的旋转、移动、放缩，使坐标和手臂匹配，如图 8-20 所示。

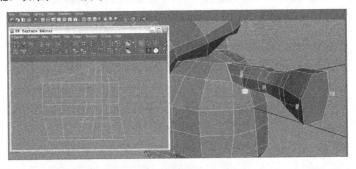

图 8-20

（11）按照上述方法，将手臂、腿部和尾巴都设定为圆柱坐标，并调整，使坐标与模型匹配，并在 UV 编辑器中将这些坐标缩小，放置在有效范围内，全部调整好的 UV 坐标如图 8-21 所示。

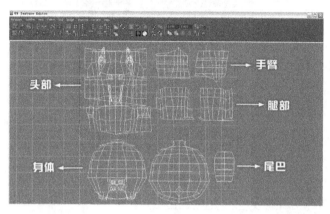

图 8-21

这样，UV 划分部分就完成了。这项工作只是起到贴图定位的作用，下面根据划分好的 UV 进行贴图绘制工作。

8.2.2 根据 UV 绘制贴图

（1）先将贴图坐标导出，在 UV 编辑器中，执行 Polygons→UV Snapshot 命令，在弹出的命令设置面板中，单击 File name 后的"Browse"按钮，设置保存路径和名称。Size X 和 Size Y 是设定导出图片的大小，如果希望绘制细致一些，可以设置大一些。Image format 可以选择 JPEG 格式，如图 8-22 所示。

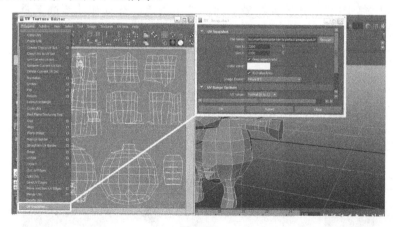

图 8-22

（2）绘制图片可不是 Maya 的强项，这就需要使用 Photoshop 或者 Painter 这样的软件才行。打开 Photoshop 软件，并打开保存好的 UV 图，如图 8-23 所示。

（3）在 Photoshop 中执行选择→色彩范围，将 UV 线提取出来，并单独作为一层，填充为红色，将最下面的图层填充为很淡的黄色，作为皮肤的主色调，同时也便于观察，如

图 8-24 所示。

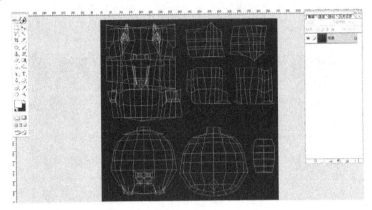

图 8-23

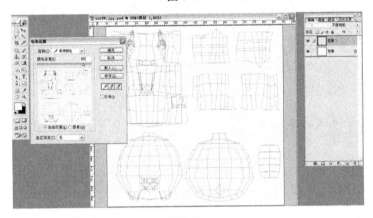

图 8-24

（4）新建一个图层，并放置在最上面，使用画笔、选框和油漆桶工具，为小奶牛的身体部分涂上黑色的斑点。在乳头部分涂上粉红色，如图 8-25 所示。

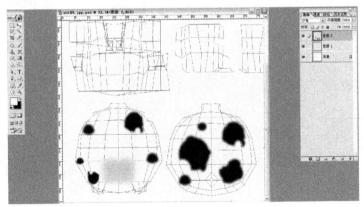

图 8-25

（5）继续绘制头部和其他部分。由于 UV 线外的空白区域不会在模型上显示出来，因此完全不用很小心地沿着 UV 线来绘制，绘制好的贴图如图 8-26 所示。

（6）将显示 UV 线的图层删除或隐藏，然后保存图片，正式的贴图如图 8-27 所示。

（7）回到 Maya 中，打开 Hypershade 窗口，新建一个 Blinn 材质，单击 Color 属性后的贴图钮，将绘制好的小奶牛贴图以 File 的形式添加，并把调整好的 Blinn 材质指定给模型，会看到贴图已经定位好了，如图 8-28 所示。

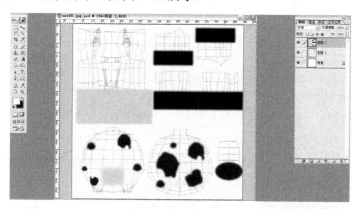

图 8-26

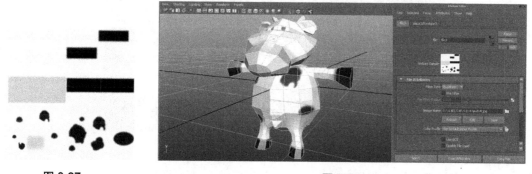

图 8-27   图 8-28

文件 8-1-Uvs-ok.mb 是制作完成的，有兴趣也可以对模型进行光滑处理。光滑过的小奶牛如图 8-29 所示。

图 8-29

⫸ 8.3 卡通材质

三维动画技术的发展给二维传统动画行业带来了很大的冲击，但现在很多三维动画和游戏开始流行复古潮，即将三维动画渲染成二维效果，比较有代表性的是一款称为《跑跑卡丁车》的网络赛车游戏。

Maya 升级到 7.0 以后，推出了划时代的卡通材质系统，下面系统学习卡通材质的创建和调节。

打开 8-2-bird.mb 文件，场景中有一只黄色的小鸟，并简单地指定了材质，使用的是 Maya 的默认灯光，如图 8-30 所示。

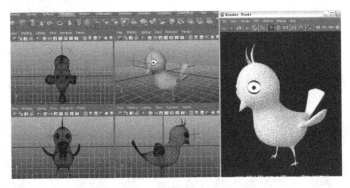

图 8-30

（1）先来设置渲染的背景颜色，执行视图菜单的 View→Select Camera（选择摄像机）命令，按"Ctrl+A"组合键打开摄像机的属性设置面板，在 Environment 卷轴栏下，修改 Background Color（背景颜色）为黄灰色，这样渲染出来的图片背景颜色就不再是黑色了，如图 8-31 所示。

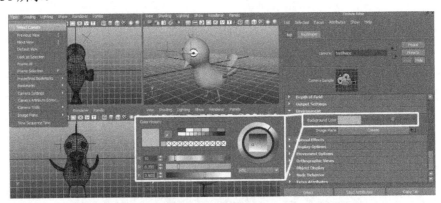

图 8-31

（2）选中小鸟身体的模型，在 Rendering 模块下，执行 Toon→Assign Fill Shader 菜单，一共有 7 种 Maya 默认的卡通材质，将这 7 种材质分别指定给模型，渲染如图 8-32 所示。

（3）在模型被选中的情况下，执行 Toon→Assign Fill Shader→Light Angle Two Tone，将这个卡通材质指定给小鸟模型，我们也使用这种卡通材质作为实例阐述。

图 8-32

打开 Hypershade，会看到已经多出来一个名为 lightAngleShader 的材质球，双击打开它的属性设置面板，在 Color 卷轴栏下，修改颜色为黄色和深黄色，这两种颜色一个代表它的基本色，一个代表暗部色。调整黄色的 Selected Position 为 0.51，使模型暗部的区域稍稍大一点，渲染如图 8-33 所示。

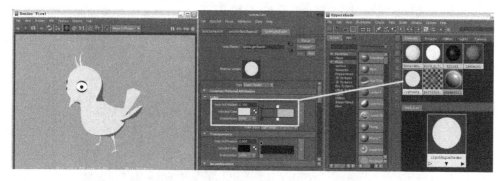

图 8-33

（4）将深黄色的 Interpolation 修改为 Linear，渲染可以看到模型上的颜色过渡得非常柔和，这也是卡通渲染的一种表现方式，如图 8-34 所示。

图 8-34

（5）将深黄色的 Interpolation 修改回 None，依然使用最传统的二维风格进行阐述。

实际上传统的二维动画还应该有勾线的效果。

选中模型，执行 Toon→Assign Outline→Add New Toon Outline（添加新的卡通轮廓线）命令，会看到场景中模型边缘被创建了一圈黑色的线，渲染后已经出现轮廓线的效果了，如图 8-35 所示。

图 8-35

（6）在场景中选中轮廓线，按"Ctrl+A"组合键打开它的属性设置面板，在 Profile Lines 卷轴栏下，修改 Profile Color 颜色为深橙色，使轮廓线不那么死气沉沉，修改 Profile Line Width 为 1.2，稍稍粗一些，便于观察，如图 8-36 所示。

图 8-36

（7）选中模型，执行 Toon→Create Modifier（创建修改器）命令，模型中出现一个球状修改器，使用放缩工具将它放大一些，放置在小鸟的身体正中，会看到修改器覆盖的地方轮廓线都变粗了。打开它的属性设置面板，修改 Width Scale 为 3，使它的修改强度减弱一些，渲染后可以看到现在轮廓线有了粗细变化，如图 8-37 所示。

图 8-37

（8）现在来看一下卡通材质中最具特色的效果。执行 Wiindow→General Editors→Visor 命令，打开 Visor 窗口，单击左侧的 oils 文件夹，让这种类型的笔刷在右侧窗口中显示出来。

在场景中先选中轮廓线，按 Shift 键在 Visor 窗口中选中 dryoilred 笔刷，执行 Toon→Assign Paint Effects Brush to Toon Lines（指定笔刷给轮廓）命令，会在场景中看到笔刷变得杂乱，渲染后发现轮廓线已经有了草图的效果，如图 8-38 所示。

图 8-38

（9）Assign Paint Effects Brush to Toon Lines（指定笔刷给轮廓）这个命令可以将 Visor 中的任意笔刷作为轮廓效果，也是 Maya 的特色。下面是一些其他笔刷作为轮廓的效果，如图 8-39 所示。

图 8-39

▌▶ 8.4　贴图实例——大场景材质贴图

在接下来的练习中，将完整地展示一个大场景中所有材质和贴图的制作流程。该练习所使用的案例由郑州轻工业学院动画系 07 级胡海洋制作完成。

首先打开原始模型 8-4-game.mb。该场景制作得比较精细，约有 45 万个面，如图 8-40 所示。

图 8-40

以下是场景材质贴图制作完毕以后，在视图中的显示效果以及渲染并调整以后的最终效果图，如图 8-41 所示。

图 8-41

8.4.1 基础材质

（1）打开 Hypershade 窗口，先创建两个 Lambert 材质球，分别指定给场景中的屋顶和围墙部分。打开材质球的属性设置面板，单击打开 Color 属性后面的小色块，在弹出的面板中将屋顶部分的颜色 RGB 值设置为 0.7、0.7、0.1 的黄色，将围墙部分的 RGB 值设置为 0.6、0.1、0.1 的红色，并将两个材质球的 Diffuse 值都设为 1.0，如图 8-42 所示。

（2）创建一个 Blinn 材质，将它的颜色设置为纯白色，并指定给场景中主体建筑周围的围栏模型部分，如图 8-43 所示。

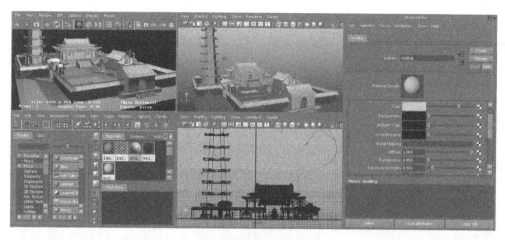

图 8-42

图 8-43

（3）创建一个 Lambert 材质，将它的颜色 RGB 值设置为 0.8、0.2、0.2 的红色，将 Diffuse 值设为 1.0，并指定给场景中主体建筑和塔下面的柱子模型部分，如图 8-44 所示。

图 8-44

（4）创建一个 Blinn 材质，将它的 Color 属性中的 RGB 值设置为 0.4、0.4、0.1 的黄色，

Ambient Color 的 RGB 值设置为 0.1、0.1、0 的黄色，将 Specular Color（高光颜色）设为纯白色，将高光调节得细小一些，指定给场景中的金属物体模型部分，如图 8-45 所示。

图 8-45

8.5.2　普通贴图

接下来将使用外部贴图来继续对场景的材质进行设定。

（1）创建一个 Lambert 材质球，指定给地面部分。打开材质的属性设置面板，单击 Color 后面的贴图钮，将"grnd01.jpg"图片指定给材质球，进入贴图的坐标面板，修改 Repeat UV 值为 10，使该草地贴图重复 10 次，效果如图 8-46 所示。

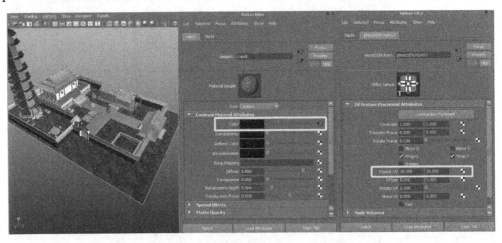

图 8-46

（2）创建一个 Lambert 材质球，指定给地面的石路部分。将"dimian.jpg"图片指定给材质球的 Color 属性，并将 Repeat UV 值设置为 5，效果如图 8-47 所示。

（3）在 Hypershader 窗口中，单击石路材质球的网络结点，使用鼠标中键，将上一步创建的贴图结点拖到该材质球的 Bump 属性上，并将 Bump Depth 值设置为 0.1，这样渲染出来的石路会有石块的凹凸效果，如图 8-48 所示。

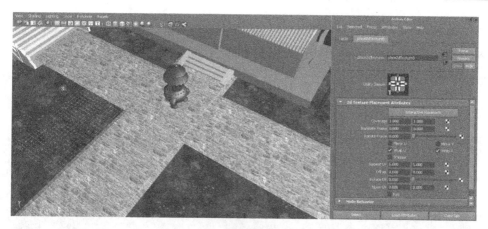

图 8-47

图 8-48

（4）创建一个 Lambert 材质球，将"dadianzheng.jpg"图片指定给材质球的 Color 属性。在场景中选中大殿的模型，进入面级别，选中大殿正面的那个面，将刚才创建的 Lambert 材质球指定给这个面，效果如图 8-49 所示。

图 8-49

（5）再创建一个 Lambert 材质球，和上一步的操作一样，将"xiaofangce.jpg"图片指定给材质球，然后将材质指定给小房子正面的面，效果如图 8-50 所示。

图 8-50

8.5.3　分 UV 贴图

（1）创建一个 Lambert 材质球，将"酒.jpg"图片指定给材质球，然后将材质指定给旗帜模型。

选中旗帜模型，打开 Create Uvs（创建 UV 坐标）→Planar Mapping（平面贴图坐标）的命令设置面板，设定 Project from（映射轴向）为 X axis（X 轴），单击"Apply"键执行，为旗帜模型添加平面贴图坐标，会发现旗帜颠倒了，如图 8-51 所示。

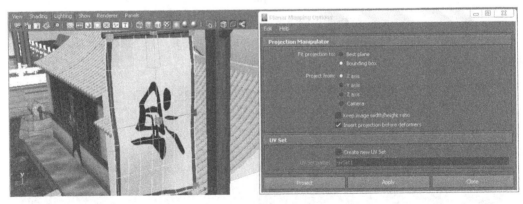

图 8-51

（2）单击模型左下角的红十字，弹出旋转轴，沿着 Z 轴向旋转 180°，将旗帜转正，如图 8-52 所示。

（3）创建一个 Lambert 材质球，将"tie.bmp"图片指定给材质球，将其指定给塔身模型，如图 8-53 所示。

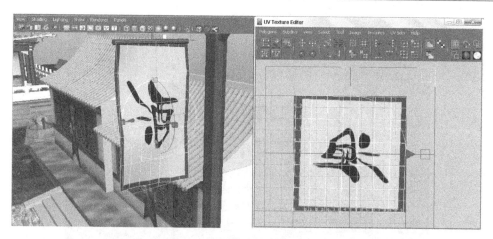

图 8-52

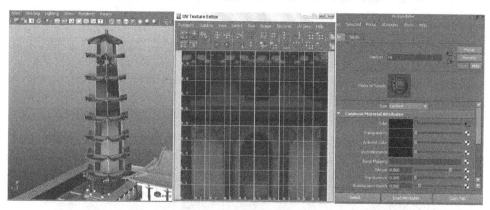

图 8-53

（4）选中塔身模型，执行 Create Uvs（创建 UV 坐标）→Cylindrical Mapping（圆柱贴图坐标），并调整贴图坐标包裹住塔身模型。

选中塔身的材质球，进入贴图坐标面板，将它的 Repeat UV 修改为 6，效果如图 8-54 所示。

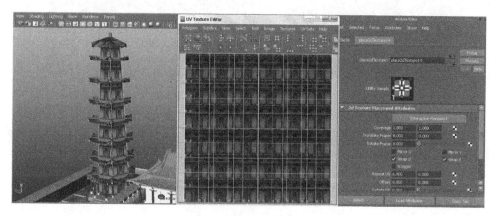

图 8-54

全部贴图完成后，在场景中的最终显示效果如图 8-55 所示。

图 8-55

经过打灯光、渲染输出，以及在 Photoshop 软件中合成调整后的最终效果，如图 8-56 所示。

最终效果的源文件是 8-4-game-ok.mb。

图 8-56

本 章 小 结

这一章学习了 Maya 的 UV 划分和卡通材质。实际上现在三维模型的 UV 划分可以用到一个插件，称为 unfold3D，UV 划分的效果也比较好。

　　UV 划分是制作角色的一项很重要的步骤，对三维制作人员的要求也较高。角色模型师不仅要能够做出精美合理的模型，也要绘制角色的贴图，因此 UV 的划分也是很重要的。

作　　业

　　1．在以前的练习中制作过角色，现在将角色划分好 UV，并绘制贴图。

　　2．使用本章所讲解的卡通材质，制作一个二维效果的角色。

　　3．创作一个室外场景，并为其制定贴图。图 8-57 为范例，是郑州轻工业学院动画系鲍晓俊完成的作品。

图 8-57

　　4．使用 Zbrush，进行写实角色的制作，要求制作完整，并最终生成法线贴图，在 Maya 中使用法线贴图，来达到低模显示高模的效果。

第9章

Maya 的灯光系统

对于一件三维作品来说，即使模型和材质调整得非常出众，但如果没有灯光的照明，整个场景依然是一团漆黑。

灯光对于三维作品来说，除了照亮场景之外，还有渲染气氛、突出重点等一系列不容忽视的作用。甚至有人曾说过："灯光是一件作品的灵魂"。

看看下面两张图，如图 9-1、图 9-2 所示，辨别一下这两张相同模型、相同材质、相同角度，但布光却不同的两张图哪一个是正面角色，哪一个又是反面角色？

图 9-1 图 9-2

图 9-1 的布光是由下往上打灯光，而图 9-2 则是由上往下打灯光。虽然这两个场景中都只有一盏 Spot Light 和一盏 Ambient Light，但渲染出来的效果却是大不一样的。

⯈ 9.1 灯光的类型

Maya 中灯光的创建可以执行主菜单的 Create→Lights 命令来进行选择，一共有 6 种不同的灯光类型，它们分别是：环境灯光 Ambient Light；方向灯光 Directional Light；点光源 Point Light；聚光灯 Spot Light；面光源 Area Light 和体积灯光 Volume Light。也可以通过 Rendering 工具栏进行单击创建，如图 9-3 所示。

图 9-3

（1）Ambient Light（环境灯光）。

Ambient Light（环境灯光）是模拟大气中漫反射的光源，它比较特殊却极其常用。由于它本身的"漫反射"属性，使它能够将灯光均匀地照射在场景中的每一个物体上。图9-4 是在 Hypershade 窗口中显示出来的 Ambient Light（环境灯光）的图标，图 9-5 是使用了 Ambient Light（环境灯光）照明的模型。

从图 9-5 中就可以看出 Ambient Light（环境灯光）是均匀地对物体进行照射的，但由于物体受光过于均匀，立体感反而失去了很多。

图 9-4

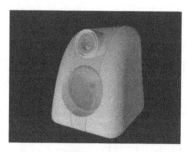

图 9-5

Ambient Light（环境灯光）一般都是配合其他灯光来完成对场景的照明的，以便于照亮场景中的一些死角，它一般不会作为主光源出现在场景中。

Ambient Light（环境灯光）还有一个很大的特性，那就是它同时具备环境光的两种相反的属性——有向性和无向性。这在"Ambient Shade"属性中可以进行调节。

在默认状态下，Ambient Shade 的值是 0.45，当其趋向于 0 时，环境光的性质就趋向于无向性，即照明绝对均匀，图 9-6 就是值为 0 的时候的效果。当其趋向于 1 时，环境光的性质就趋向于有向性，当等于 1 时，则只会照亮受光面，如图 9-7 所示。

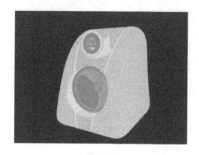

图 9-6

图 9-7

（2）Directional Light（方向灯光）。

Directional Light（方向灯光）是按照箭头所指示的方向进行平行光投射的一种灯光类型，这也是它最大的特点。由于极端平行的光在自然界中几乎是不存在的，因此它的存在也是一种比较特殊的方式，图 9-8 就是在 Hypershade 窗口中显示出来的 Directional Light（方向灯光）的图标。

由于是平行光的原因，它散发出来的光线都呈同一角度向同一个方向进行投射，因此物体的受光面也是相同的，如果是从正面对同一条直线上的物体进行照射，那么就会出现所有物体的阴影整齐排列的现象，如图 9-9 所示。

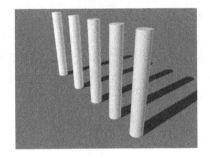

图 9-8   图 9-9

（3）Point Light（点光源）。

Point Light（点光源）是以一个点为发射光线的光源，光线由某一点开始，向其他各个方向进行等量的发射。因为这个特性使它很符合自然界中的一些光源的特性，例如蜡烛，灯泡，甚至太阳等。图 9-10 就是在 Hypershade 窗口中显示出来的 Point Light（点光源）的图标。

从图 9-11 中可以看出，Point Light（点光源）所投射出来的阴影是有着较强的透视感的，而不像先前介绍的 Directional Light（方向灯光）所投射的阴影都是平行的，这很符合自然界中真实的投影现象。因此，Point Light（点光源）所被用到的次数也是很多的。但由于其自身的局限性，如光线散射得过于平均，不易对一些需要突出的物体做出光线的直射照明，因此在很多的情况下，Point Light（点光源）都被作为场景的辅助灯光而存在的。

图 9-10   图 9-11

（4）Spot Light（聚光灯）。

Spot Light（聚光灯）是一种将光线限制在一个如同圆锥的区域内，并以此向外发射出光线。其原理很像手电筒向外发光的形式。它的使用频率几乎是所有的光源中最高的。由于它可以有效地将光线进行调整，便于调整照亮场景中的某一个需要突出的区域，因此很多三维设计人员都喜欢将它作为场景中的主光源来使用。图 9-12 就是在 Hypershade 窗口中显示出来的 Spot Light（聚光灯）的图标。

由于它的发射是从一个圆锥形的物体中向外发射的，因此它的投射区域基本上是一个圆形，所以它的光线可以调节在一个有效的区域内，照亮并突出需要的区域或物体，并适当地对光的投射区域的边缘进行羽化处理。正是由于这个原因，使它易于定位和控制，因此经常被操作人员所使用。

它所投射出来的阴影也具有一定的透视性，透视感的强弱取决于 Spot Light（聚光灯）散发光线的区域的大小。图 9-13 就是利用 Spot Light（聚光灯）进行对物体的照明，可以观察一下光线所投放的区域及边缘的羽化效果。

图 9-12

图 9-13

它的应用很广泛，不仅能够起到突出某一区域物体的作用，还由于它自身的特性，使得它可以模拟出类似手电筒、矿灯和汽车前灯发出的灯光。

（5）Area Light（面光源）。

Area Light（面光源）可以说是 Maya 的灯光系统中最接近于真实的灯光类型了。它是以一个矩形的区域为照明的发射体。由于在现实世界中，几乎所有的发光体都是以三维的形式存在着的，而 Area Light（面光源）是最具有体积形态的一种光源，因此它是比较符合自然界的照明形式的。

图 9-14 就是在 Hypershade 窗口中显示出来的 Area Light（面光源）的图标。图 9-15 是用 Area Light（面光源）进行照明的一个场景，注意观察一下它的阴影，可以发现它的阴影不但透视感很强烈，而且具备了衰减的特性。所谓衰减是指阴影由于光线的变化，会在离物体越近的地方阴影越重，离物体越远的地方阴影越淡，并渐渐消失。

图 9-14

图 9-15

（6）Volume Light（体积灯光）。

Volume Light（体积灯光）是一种比较特殊的灯光类型，它可以用于模拟照亮特定的体积范围，而且它可以对灯光的衰减进行较强的控制，这点对于使用灯光雾的特效是极为有用的。它很适合和灯光雾相配合，模拟比较昏暗的光源所发散出来的光的效果。图 9-16 就是在 Hypershade 窗口中显示出来的 Volume Light（体积灯光）的图标。图 9-17 是 Volume Light（体积灯光）和灯光雾相配合，模拟蜡烛所发出的比较昏暗的光的效果，可以注意一下光的衰减情况。

图 9-16

图 9-17

9.2 灯光的基本属性

在介绍完 Maya 中 6 种基本灯光类型以后，再来对它们的属性进行一些介绍。因为一般情况下，仅仅创建一个灯光对场景进行照明是远远不够的。因为每个场景都有特定的照明需要。一般都是先创建一个基本的灯光类型，然后再对它的灯光属性进行调整，以满足场景的照明需要。

由于 6 种基本灯光类型的属性有着很多共同点，因此在这一节里着重阐述参数比较全面的 Spot Light（聚光灯）的常用属性，一般情况下，了解了它的属性就等于了解了绝大部分 Maya 基本灯光类型的属性了。

首先创建一盏 Spot Light（聚光灯），在视图中选中它并按下键盘上的"Ctrl+A"组合键，打开它的属性设置面板，下面针对它的属性进行介绍。

（1）Type（灯光类型）。

单击打开刚刚创建的 Spot Light（聚光灯）属性设置面板最上面的 Spot Light Attributes（聚光灯属性）卷轴栏，在这个卷轴栏的最上面可以看到有一个 Type 的下拉菜单。单击这个下拉菜单右侧的小三角符号，会发现里面列出了 Maya 中的 6 种基本灯光类型。在这里可以单击选择一种基本灯光类型作为 Spot Light（聚光灯）的替代品。也就是说，如果对场景中创建的灯光类型不满意，而灯光已经移动到了自己认为适当的位置时，为了避免再次对灯光进行移动，可以在这里重新选择一种基本灯光类型替代原先创建的，这也是 Maya 提供的一个很方便的命令。

（2）Color（灯光颜色）。

还是在这个 Spot Light Attributes（聚光灯属性）卷轴栏中，Type 属性的下面有一个 Color（灯光颜色）的属性，在这里可以对灯光所发散出来的基本颜色进行调整和控制。图 9-18 和图 9-19 就是调整了 Spot Light（聚光灯）基本颜色前后的样子。

从上面两张图可以看出，图 9-18 和图 9-19 两张图所表现出的氛围截然不同，然而变化仅仅是因为调整了灯光的基本颜色属性。图 9-19 的灯光颜色被调节为橘红色，因此渲染出来的效果偏向于橘红色调。

Color（灯光颜色）属性的默认设置是纯白色，其实在现实生活中基本上没有纯白色的光，如果仔细观察就会发现，在这个世界上的光一般都是有颜色的，比如灯泡发出来的是黄色的光，即便有白色的光也会因为色温等一系列因素变得不再是纯白色。因此，这个Color（灯光颜色）属性对于模拟真实状态有着普遍的意义。

图 9-18

图 9-19

其实还可以单击 Color（灯光颜色）属性后的黑白格子贴图钮，创建一个基本贴图纹理来模拟一些特别的光。

（3）Intensity（灯光强度）。

这是一个用于控制灯光强度的属性。所谓灯光强度是指灯光发散出来光线的强弱。图 9-20 和图 9-21 就是将 Intensity（灯光强度）值分别调整为 1 和 0.3 之后的效果。

图 9-20

图 9-21

Intensity（灯光强度）的默认值是 1，这只不过是系统设定的默认值，如果灯光还需要更强可以加大这个数字。方法是在前面的数字框中直接输入，这不但能够调节更大的值，还可以将强度值调整为负数。

（4）Decay Rate（灯光衰减率）。

Decay Rate（灯光衰减率）是用来选择灯光的衰减类型的，它一共有 4 种不同的衰减类型供操作者选择。这 4 种衰减类型都被放置在 Decay Rate 后面的下拉菜单里，分别是：No Decay（无衰减）、Linear（线性衰减）、Quadratic（平方衰减）和 Cubic（立方衰减）。它们是要配合着 Intensity（灯光强度）来使用的。在现实中，光一般都是被 Quadratic（平方衰减）的规律所控制着的，但由于 Maya 内部的一些局限，在作图中一般使用最多的是Linear（线性衰减）。

图 9-22 和图 9-23 是分别采用了 No Decay（无衰减）和 Quadratic（平方衰减）之后的效果。值得注意的是，使用了 Quadratic（平方衰减）的图，它的 Intensity（灯光强度）属性的数值是 80。

图 9-22 图 9-23

（5）Cone Angle（灯光照射角度）。

这个属性是 Spot Light 所独有的。

虽说 Cone Angle 属性直译过来是灯光照射角度的意思，但实际上它更像是控制灯光的照射范围的。在视图中对已经创建的 Spot Light（聚光灯）进行观察，调节 Cone Angle（灯光照射角度）的数值，会发现 Spot Light（聚光灯）的照射范围会不断地发生改变。如图 9-24 和图 9-25 所示就是数值为 40 和 80 的 Spot Light 的形态。

Cone Angle（灯光照射角度）的默认设置是 40，但它可以调节出的数值范围是 0.006～179.994。

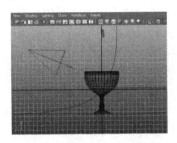

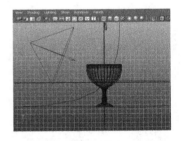

图 9-24 图 9-25

（6）Penumbra Angle（灯光边缘羽化值）。

这也是一个 Spot Light 所独有的一个属性。

Penumbra Angle 属性就是用来控制 Spot Light 的投射光线边缘羽化的。由于这个属性的存在，使得 Spot Light 在模拟现实世界的光影效果中有着极其重要的作用。

当 Penumbra Angle 值为 0 的时候，光线投射区域的边缘就极为锐利，如图 9-26 所示。图 9-27 是调节了 Penumbra Angle 值为 20 以后的效果。

图 9-26 图 9-27

在调节 Penumbra Angle 值的时候要注意的是，它的值不仅可以调节为正数，还可以调节为负数。正数的时候它是由内向外羽化的，而负数的时候则是向内进行羽化的。它可供调节的数值范围是 -189.994～189.994。

（7）Dropoff（灯光衰减）。

其实 Dropoff 直接翻译过来是逐渐减少的意思，它也是控制灯光区域向周围扩散衰减的，这一点与刚刚介绍的 Penumbra Angle 有些相似，但所不同的是：Penumbra Angle 是控制灯光区域的边缘，而 Dropoff 是控制整个灯光。

当 Dropoff 为 0 的时候，Spot Light 向场景内所投射的灯光强弱是一致的，但当它的数值开始变大的时候，照射区域的亮度由中心向四面八方逐渐变弱，Dropoff 的值越大，光线向四周变弱的程度也越大。

图 9-28 是 Dropoff 值为 0 时的效果，图 9-29 是 Dropoff 值为 20 时的效果。从中可以观察到灯光区域的衰减效果。

图 9-28

图 9-29

Dropoff 在 Maya 中的默认值是 0，但光在自然界中是存在衰减的，如果想要对自然界中的真实光线进行模拟，最好还是在 Dropoff 属性中将其参数进行一定的调节，它的参数的调节范围是 0～无穷大。

（8）Shadow Color（阴影颜色）。

单击打开 Spot Light（聚光灯）属性设置面板的 Shadows（阴影属性）卷轴栏，这是一个控制灯光打出来的阴影的属性控制面板。

在 Shadows（阴影属性）卷轴栏的最上面，会看到有一个 Shadow Color（阴影颜色）的属性，这是用来调节灯光投影的颜色，可以单击它的颜色框，在弹出来的颜色调节器中进行调节控制，也可以单击它后面的黑白格子标志的贴图钮，使用一张贴图纹理来对其进行特殊的操作，以显示出不一样的效果。

图 9-30 是 Shadow Color（阴影颜色）的调节处，图 9-31 是进行了调节以后的阴影。

（9）Use Depth Map Shadows（使用深度贴图阴影）。

在 Shadows（阴影属性）卷轴栏里面，还有一个 Depth Map Shadows Attributes（深度阴影贴图属性）的卷轴栏，将其打开，在最上方会看到一个 Use Depth Map Shadows（使用深度贴图阴影）的属性，前面有一个可以打勾的小方框，决定是否使用这样的贴图阴影类型。

其实 Maya 提供的基本阴影类型一共有两种：Depth Map Shadows（深度贴图阴影）和 Ray Trace Shadows（光影跟踪阴影）。但两者不兼容，选择了一项就不能再选择另外一项。图 9-32 和图 9-33 是 Depth Map Shadows（使用深度贴图阴影）和 Ray Trace Shadows（光影跟踪阴影）两种不同的阴影方式所渲染出来的效果。

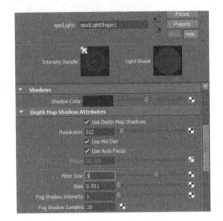

图 9-30

图 9-31

图 9-32

图 9-33

从上面的两张图中可以看到，两种阴影方式几乎是差不多的，但如果进行仔细的对比后就会发现：使用了 Depth Map Shadows（深度贴图阴影）的阴影边缘似乎有些锯齿，反观 Ray Trace Shadows（光影跟踪阴影）却极其平整。

如果仔细观察还会发现，Ray Trace Shadows（光影跟踪阴影）还有一些地板的颜色融在里面，这是 Depth Map Shadows（深度贴图阴影）所没有的。关于 Ray Trace Shadows（光影跟踪阴影）将在下面的篇幅中进行深入介绍。

（1）Dmap Resolution（阴影渲染解析度）。

Dmap Resolution（阴影渲染解析度）是调节灯光阴影渲染解析度的，也可以看做是调节阴影分辨率的大小的。分辨率越大，阴影才会在画面整体变大的时候不会出现马赛克之类的锯齿。它的默认值是 512，可以适当将其调高一些，数值依据要渲染的图片尺寸而定。一般情况下，最好将值调节为偶数，以避免出现一些问题。另外要注意，这里的参数调节在 IPR 渲染中不能够被实时显现出来。

（2）Dmap Filter Size（阴影边缘羽化度）。

这个属性用来控制 Depth Map Shadows（深度贴图阴影）的边缘虚化程度，值越大，边缘就会越虚，反之则会越尖锐。图 9-34 和图 9-35 就是将 Dmap Filter Size（阴影边缘羽化度）值分别调节为 5 和 20 以后的效果。

从图中可以看到，Dmap Filter Size（阴影边缘羽化度）值调节为 20 以后，阴影变得更加柔和了。

在很多情况下深度贴图阴影都存在着锯齿，用这种方法去除锯齿比较合适，数值不宜太高，个位数就可以了。

图 9-34　　　　　　　　　　　　　　　　图 9-35

（3）Dmap Bias（阴影偏心率）。

Dmap Bias（阴影偏心率）在众多的阴影属性中是一个很特殊的属性，调节它可以产生一种很特别的现象，即阴影似乎被什么东西遮挡住似的。图 9-36 和图 9-37 就是将 Dmap Bias（阴影偏心率）调节为 0.07 和 0.1 后的效果。

图 9-36　　　　　　　　　　　　　　　　图 9-37

（4）Use Ray Trace Shadows（使用光线跟踪阴影）。

在 Shadows（阴影属性）卷轴栏里，还有一个 Raytrace Shadow Attributes（使用光线跟踪阴影）的卷轴栏，将其打开，在最上方会看到一个前面带有可以打勾的小方框的 Use Ray Trace Shadows（使用光线跟踪阴影）属性，勾选后即可产生光线跟踪阴影效果。

这是 Maya 中阴影的另外一种类型。它的特点是可以根据周围的环境进行一些物理学计算，从而渲染出阴影应该有的颜色，这是一种比较高级的阴影类型。但是使用它的缺点是渲染会变得较慢。使用它进行渲染的时候要在全局渲染面板中将 Raytracing 项勾选，这样才能渲染出 Ray Trace Shadows（光线跟踪阴影），如图 9-38 所示。否则，渲染出的效果将没有任何阴影。

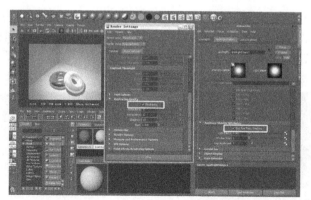

图 9-38

⯈ 9.3 灯光的布置技巧

在这一节里将对布光的一些规律和使用技巧进行介绍，在学习之前要知道：Maya 即便再强大，充其量也只是你创作的工具而已，只有工具而没有自己的想法是永远不可能出好作品的。

在布光方面，首先要求考虑的是照亮物体，只有照亮了物体，才能够对其进行调节，以便显现出更为适合场景的气氛。因此，照亮物体是布光的基础。但这个照亮并不是将物体照得很亮，有时候为了突出扑朔迷离的效果往往将物体只显现出大致的轮廓，谁能说这不是一种照亮呢？

一般来说，正常的布光应该如图 9-39 和图 9-40 所示。

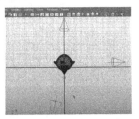

图 9-39

图 9-40

在很多情况下，正面的侧上方的光会产生一种"光明感"，这也是做动画甚至于静帧中需要注意的地方。从下面打上来的光会给人一种"阴暗感"。对反面人物的照明效果和布光的数量及位置如图 9-41 和图 9-42 所示。

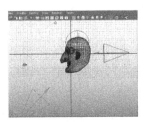

图 9-41

图 9-42

有时候为了烘托气氛，会在被照明的物体两边各打上一个不同颜色的灯光，使得物体两面显示出不同色调的颜色。较早以前的好莱坞电影海报中经常使用这样的技法，如图 9-43 所示就是用这样的技法进行渲染的一张图，它的两边分别打上了一盏红色的灯和一盏蓝色的灯，使角色产生出不一样的效果，图 9-44 是布光图。

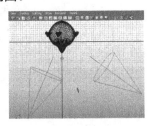

图 9-43

图 9-44

9.4 布光实例——模拟全局渲染

本实例的场景和最终效果如图 9-45 所示。

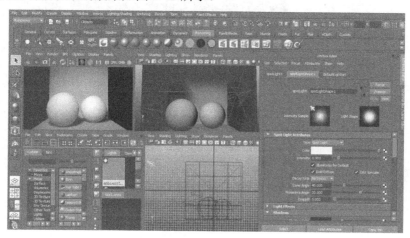

图 9-45

要说明的是，这次模拟的虽然只是很简单的一个场景，但里面所涉及的一些概念却是通用的，将它们熟练掌握以后，不管多么复杂的场景都可以按照这个方法来做。

（1）先来打开 9-1-Spheres.mb 文件，里面有一个被删除了一个面的正方体作为两个球体的场景，正方体两个面已经被分别指定了深红色和深蓝色的 Lambert 贴图，两个球体也被赋予了浅灰色的 Lambert 贴图，并创建了一台摄影机，架设在整个场景的左前方，如图 9-46 所示。

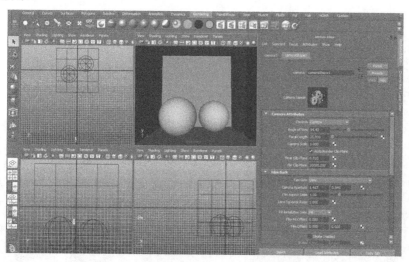

图 9-46

创建一盏 Spot Light 灯光，将其位置调节到如图 9-47 所示的位置。

（2）在视图中选中刚刚创建的 Spot Light，按键盘的"Ctrl+A"组合键，打开它的属性设置面板，将 Color（灯光颜色）改为浅红色，参考的 HSV 值为 2，0.2，1。然后再将 Intensity（灯光强度）调节为 0.9。调节 Penumbra Angle 值为 20，使照射区域的边缘羽化一些。调节 Dropoff 值为 5，将灯光的衰减度也设置一下，尽量和现实中的灯光有着一样的规律。

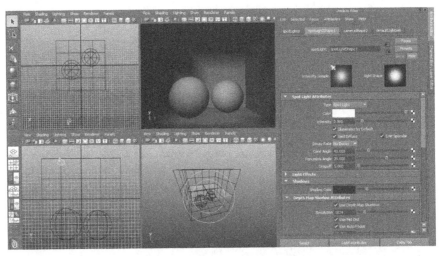

图 9-47

打开 Shadows 卷轴栏，调节它的 Shadow Color（阴影颜色）为深紫色，这是因为两面的墙壁分别是红色和蓝色，为了求得中和所设置的一种颜色。在 Use Depth Shadows Map（使用深度贴图阴影）前面的小方框中打勾，将场景的阴影打开。然后将 Dmap Resolution（阴影渲染解析度）为 1024，使阴影的分辨率更大一些。调节 Dmap Filter Size（阴影边缘羽化度）值为 15，使阴影变得柔和，因为光线漫反射次数多了的时候阴影是很柔和的，如图 9-48 所示。图 9-49 是当前的调节效果图。

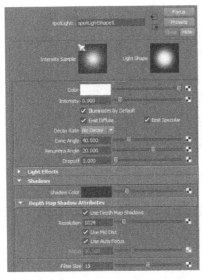

图 9-48

图 9-49

（3）现在再来创建一盏 Ambient Light 灯光，可以不用调节它的位置，在其属性设置面板中把它的灯光颜色调节为淡紫色，参考 HSV 值为 280，0.2，1。调节 Intensity（灯光强度）为 0.5，它的 Ambient Shade 为 0.1，如图 9-50 所示，图 9-51 是调节后的效果图，可以看到场景被整个加亮了，这样主灯光就创建完毕了，可开始对气氛进行调节了。

（4）接下来创建一盏 Area Light 灯光，将它沿 X 轴进行 90° 旋转，然后移到立方体最下方的面上边，使它从下往上照射场景中的两个球体，并将其 Intensity（灯光强度）调节为 0.01，如图 9-52 所示。

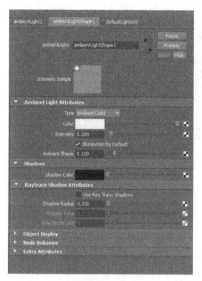

图 9-50

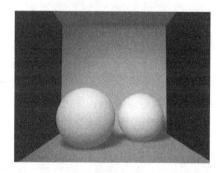

图 9-51

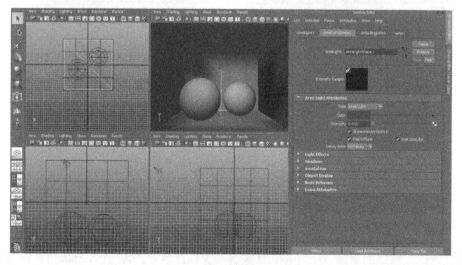

图 9-52

单击 Area Light 属性设置面板中 Color 后面的贴图钮，在弹出的贴图纹理选择面板中单击创建一个 Ramp 纹理，在其属性中将它的渐变方式（Type）改为 U Ramp（U 轴向渐变），将渐变的颜色设置为两个，上面的为纯蓝色，HSV 值为 240，1，1；下面的颜色为纯红色，HSV 值为 360，1，1。这是因为两面墙壁颜色不一样，要根据墙壁的颜色来设置，如图 9-53

所示。之所以选择这个角度也是为了照亮一些很暗的阴影部分，并且强度调节得很低，不会影响很大，主要是为了给两个球体添加环境色，渲染出来的效果如图 9-54 所示。

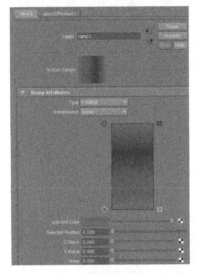
图 9-53

图 9-54

从图 9-54 中可以看出，两个球体在底部已经有了漫反射所产生的有色光，开始染上周围物体的一些颜色了。

（5）再来创建两盏 Area Light 灯光，将它们旋转并移动到左侧红色和右侧蓝色的墙壁上，使它们都照射着场景中的物体，如图 9-55 所示。

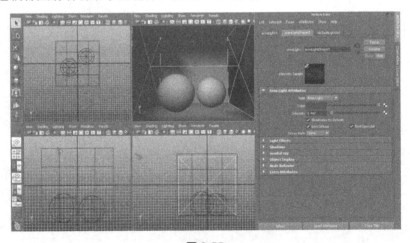
图 9-55

将靠近红色墙壁的那盏 Area Light 灯光调节为纯红色，HSV 值为 360，1，1；另一盏则调节为纯蓝色，HSV 值为 240，1，1，这是为了模拟两面的墙壁漫反射效果。由于暖色调红色的发散性比冷色调蓝色更强一些，因此在调节灯光强度上将红色调节暗一些，为 0.45；蓝色则调节强一些，为 0.75。两盏灯的 Decay Rate（衰减模式）都调节为 Linear（线性衰减），这也是为了更好地模拟现实中的灯光发散规律，如图 9-56 所示，图 9-57 则是调节后的渲染效果图。

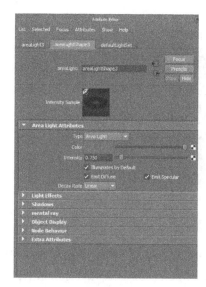

图 9-56

图 9-57

（6）观察渲染出的效果，可以看出，墙壁上的漫反射效果已经有了，而且效果还算不错，但球体上的漫反射效果怎么看都像是灯光打上去的，而不像真正的漫反射。

现在对灯光进行一些调节，既然达不到对球体漫反射的效果，那么就不要灯光对球体进行照射，再重新设定其他的灯光就好了。

执行主菜单的 Window→Relationship Editors（关联编辑器）→Light Linking（灯光连接）→Light Centric 命令，将 Relationship Editors（关联编辑器）打开，这时在左边的场景灯光中选中那两盏 Area Light 灯光，会发现右侧的物体列表中都显示为灰色，如图 9-58 所示，这表明灯光照射到场景中的每一个物体。分别选两盏 Area Light 灯光，单击右侧物体列表中的两个球体，将它们以正常的模式显示出来，这样，就将两个球体从这两盏灯光的照射范围中摒弃了，如图 9-59 所示。

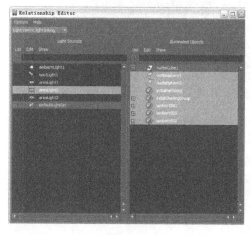

图 9-58

图 9-59

调整后的渲染效果如图 9-60 所示。现在一共有 5 盏灯光对场景进行照明和对气氛的衬托，如图 9-61 所示。

图 9-60

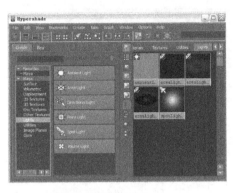

图 9-61

（7）下面针对两个球体的接收漫反射效果进行灯光的创建和布置。创建两盏 Spot Light 灯光，可以执行视图菜单的 Panels→Lock Through Selected（锁定被选择物体角度）命令，将它们的位置分别调节至如图 9-62 和图 9-63 所示的位置，分别照射场景的两边，聚焦到两边的球体上面。

这两个灯光的位置在场景中的位置如图 9-64 所示。

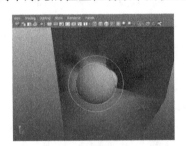

图 9-62

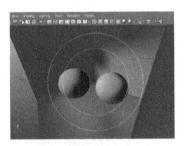

图 9-63

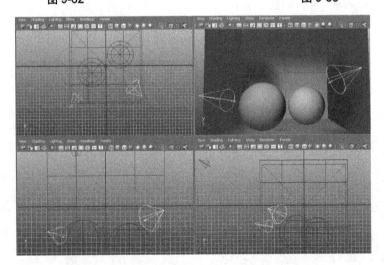

图 9-64

在属性设置面板中将两边的灯光属性进行一些调整，左侧灯的灯光调节为纯红色，右侧灯的灯光调节为纯蓝色，以模拟两边墙壁漫反射效果。依然是由于暖色调的发散性比冷色调更强一些，因此在调节灯光强度上将红色调节得低一些，为 0.3；蓝色则调节得高一些，为 0.5。然后将 Penumbra Angle 属性调节为 12，Dropoff 调节为 5。可以依据照射角度的不同适当地将 Cone Angle（灯光角度）调节得大一些，如图 9-65 所示。渲染的效果如图 9-66 所示。

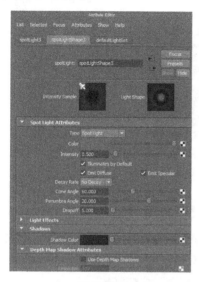

图 9-65

图 9-66

从图 9-66 中就可以看到，尽管没有把墙壁从这两盏 Spot Light 灯光的照射范围中摒弃，但是由于它们自身的强度较弱，形不成什么太大的变化，相反还对气氛的渲染起到了积极的作用，另外在两个球体上接收到的漫反射的效果也已经显现出来了。

这个实例最终完成的源文件是 9-1-Spheres-ok.mb。

9.5　室外布光实例——回廊场景

本节学习回廊灯光的设定方法。我们将用一部纯三维 MTV 的动画宣传海报，来介绍具体灯光设定方式和技巧，最终效果如图 9-67 所示。

图 9-67

本节的重点是主光源阴影的设定，还有和辅助光源的配合。可以直接打开 9-2-building.mb 文件，场景里面是一个长长的回廊，尽头有一个穿着红裙子的女孩。

场景中没有打灯光，以下是场景在 Maya 中的显示，以及默认灯光下渲染出来的效果，如图 9-68 所示。

图 9-68

9.5.1 灯光设置

（1）首先创建一盏 Spot Light（聚光灯）作为主光源，并进入灯光视图，使灯光从场景的侧上方打下来，并且整个场景都放置在灯光范围之内，如图 9-69 所示。

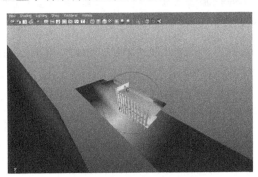

图 9-69

（2）保持灯光的选择，按键盘上的"Ctrl+A"组合键，打开灯光的属性设置面板，对灯光的参数进行设定。由于是模拟真实的太阳照射效果，因此将灯光的颜色设置稍稍偏蓝色一些，并将灯光的 Intensity（强度值）设定为 1.5，如图 9-70 所示。

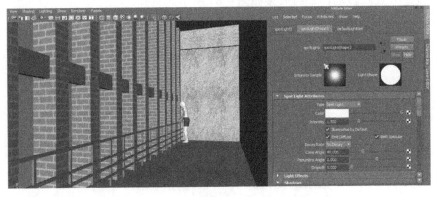

图 9-70

（3）再创建一盏 Ambient Light（环境光），不改变它的位置，打开属性设置面板，调整 Ambient Shade 值为 0，这样可以保证场景的每一个角落都可以被照射到，不会出现死角。由于是辅助光源，因此 Intensity（强度值）可以设置得低一些，在这里设置为 0.3。灯光的颜色也可以设置为很浅的黄色，这样可以保证画面中冷暖色调的结合，如图 9-71 所示。

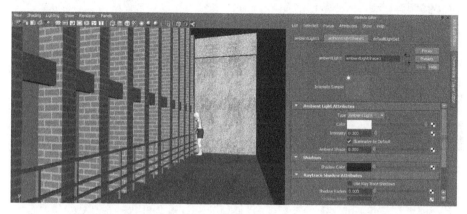

图 9-71

（4）在三维作品中，有立体感是很重要的一个要素，而强调物体立体感的关键，就是要使不同受光面的明暗程度有所区别。图 9-72 就是立方体真实受光的效果，可以看到 3 个面的受光强度都是有所区别的。

在场景中，砖柱的受光面和背光面区分得比较明显，立体感突出了，但是 3 面墙的受光太均匀，接下来就必须处理这个问题。

再创建一盏 Spot Light（聚光灯），并进入灯光视图，使它平行照射整个回廊，如图 9-73 所示。

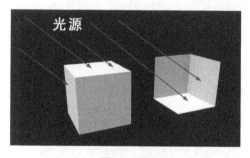

图 9-72

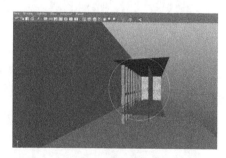

图 9-73

（5）同样因为是辅助光源，它的强度值不能超过主光源，在这里设置它的 Intensity（强度值）为 0.4。渲染后可以发现，墙壁 3 个面的层次感已经出来了，如图 9-74 所示。

（6）现在要把外面的天空提亮。回廊外部有一个 NURBS 平面，是用来模拟天空的，在材质上也加了自发光效果，只是效果不是很强烈，需要光源的照射。

再来创建一盏 Ambient Light（环境光）。由于只想照亮模拟天空的 NURBS 平面，所以要用到灯光连接编辑器来进行设置。按 F6 键进入 Maya 的 Rendering（渲染）模块，执行主菜单的 Lighting/Shading→Light Linking Editor（灯光链接编辑器）→Light Centric 命令，打开灯光链接的编辑器。在左侧选中刚刚创建的环境光，在右侧的列表中只选择"wuding"、"wuding1"、"nurbsPlane33"这 3 个物体，其他统统取消选择，如图 9-75 所示。

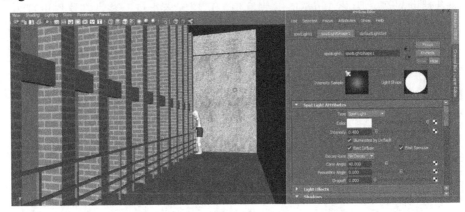

图 9-74

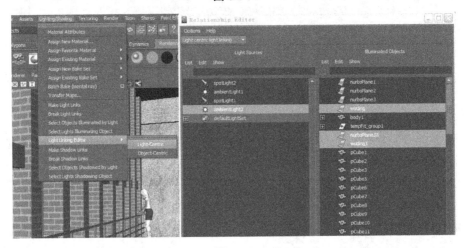

图 9-75

（7）调整环境光的 Ambient Shade 值为 0，Intensity（强度值）为 0.4，再次进行渲染，会看到天空的效果已经出来了。这样简单的布光就完成了，如图 9-76 所示。

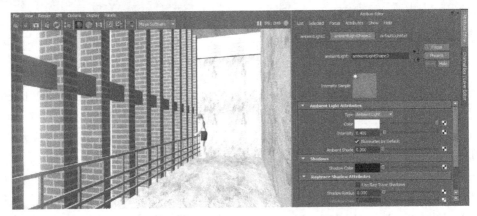

图 9-76

9.5.2 阴影设置

（1）现在我们要为回廊增加阴影效果。现在场景内有 4 盏灯，但是如果希望表现比较强烈的阴影效果，最好还是只有一盏灯设置阴影，其他 3 盏灯的阴影都不要打开。

选择最开始创建的主光源，在它的属性设置面板中，勾选"Use Depth Map Shadows"（使用深度贴图阴影），直接渲染会看到较为强烈的阴影效果，如图 9-77 所示。

图 9-77

（2）目前的阴影有两个地方表现得很不好，一个是阴影太重，使人物完全陷入阴影中，根本看不清楚；另外一个就是过于粗糙，能看到大块大块的锯齿。

首先来解决第一个问题。单击 Shadow Color 后面的黑色小方块，在弹出的色彩选择框中将颜色设置得浅一些，再来渲染会看到阴影减淡了，如图 9-78 所示。

图 9-78

（3）接下来解决阴影的锯齿问题。设置 Resolution（分辨率）的数值为 2048，这样渲染出来的阴影就几乎看不出锯齿了。当然，数值越大，渲染时间就会越长，如图 9-79 所示。

（4）由于深度贴图阴影的精细程度取决于分辨率，因此锯齿依然存在，只是是否明显的问题。如果仔细看渲染的图片会发现，墙壁相交的地方透光比较严重，柱子连接的地方，阴影也出现严重的透光现象，如图 9-80 所示。

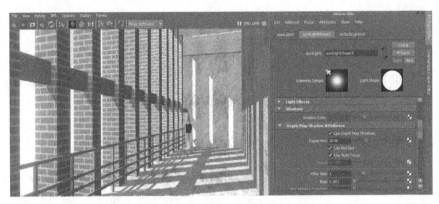

图 9-79

图 9-80

（5）现在来彻底地解决这些问题。再次进入主光源的属性设置面板，在阴影卷轴栏中勾选"Use Ray Trace Shadows"（使用光线跟踪阴影）选项，这时会发现，上面的"Use Depth Map Shadows"（使用深度贴图阴影）自动取消勾选了，这是因为两种阴影只能选择使用其中一个，而不能同时共用。

如果这个时候进行渲染，会发现场景中根本没有阴影。因为如果要使用光线跟踪阴影，就需要在渲染设置面板中打开光线跟踪选项，而默认情况下，这个选项是关闭的。

打开渲染设置面板，在 Maya Software 面板中，勾选 Raytracing Quality 卷轴栏下的"Raytracing"，并将渲染品质设置为产品质量，然后再次进行渲染，如图 9-81 所示。

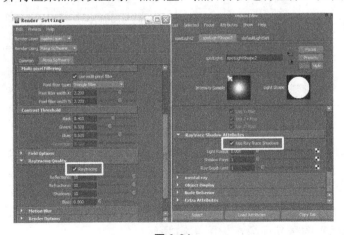

图 9-81

（6）这次渲染后会看到，透光现象已经彻底解决了。由于光线跟踪阴影是采用真实的阴影计算方法，虽然渲染时间会延长，但锯齿问题也彻底不存在了。

当然，按照惯例，渲染出来的图片会在 Photoshop 中进行曲线、对比度、色相、色彩平衡等命令的调整，同时也加入了柔光效果，如图 9-82 所示是直接渲染出来的图和用 Photoshop 处理过后的对比。

图 9-82

调整完毕的场景参见 9-2-building-ok.mb 文件。

9.6　灯光特效

9.6.1　辉光特效（Light Glow）实例——魔法师小奶牛

打开 9-3-Light Effects.mb 文件，场景中有一个巨大的球体，球体里有一头高举着魔法棒的小奶牛，如图 9-83 所示。

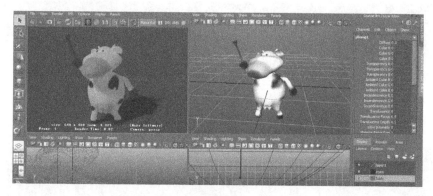

图 9-83

（1）执行 Create→Lights→Point Light 命令，创建一盏点光源，并将它移到魔法棒的顶端位置，渲染后可以看出，点光源将整个场景照亮了，如图 9-84 所示。

（2）选中点光源，按"Ctrl＋A"组合键，打开它的属性设置面板，在 Light Effects

卷轴栏中，单击 Light Glow 属性后的贴图钮，会看到在场景中，点光源周围出现了一个大圈，渲染后可以看到，点光源发出了耀眼的辉光，如图 9-85 所示。

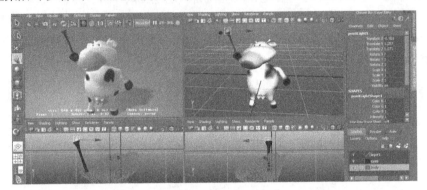

图 9-84

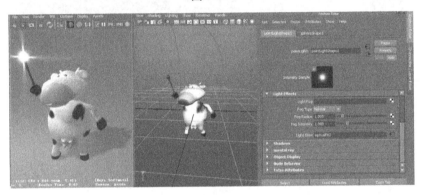

图 9-85

（3）单击 Light Glow 后的贴图钮，进入辉光的设置面板，在 Glow Type 选项中，除了第一个 None 是没有效果以外，其他 5 个选项分别是 5 种不同的辉光效果，在属性栏最上面的 Post Process Sample 中会有一个小图标，显示它们的效果，如图 9-86 所示。

图 9-86

选择不同的辉光效果，在场景中渲染观察，如图 9-87 所示。

图 9-87

卷轴栏中的 Halo Type 是辉光光晕的选项，同样也有 6 种不同的效果，将光晕设置为红色，并将辉光设置为 Exponential 类型，分别看一下这 6 种不同的光晕效果，如图 9-88 所示。

图 9-88

（4）将 Star Points 设置为 8，并将 Rotation 设置为 15，渲染能看到，辉光增加到了 8 条，并且有些旋转，如图 9-89 所示。

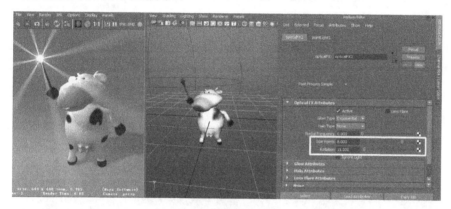

图 9-89

Star Points 属性是设置辉光散发的光条数的，Rotation 属性是设置辉光的旋转度数，两个属性都可以设置为 0～无穷大，但 Rotation 属性最好别超过 360。

（5）现在将 Glow Type 设置为 Linear，Radial Frequency 属性设置为 5。打开 Glow Attributes 卷轴栏，将 Glow Color（辉光颜色）设置为淡紫色，将 Glow Intensity 值由 1 设置为 3.6，增加辉光的强度，如图 9-90 所示。

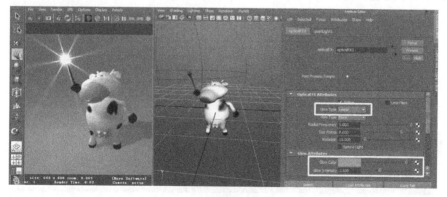

图 9-90

（6）将 Glow Noise 的值由 0 设置为 0.4，Glow Radial Noise 值由 0 调整为 0.6，这样再渲染时就会看到光束变细了，而且发射出来的光线有了随机的变化，不再是一样长的了，如图 9-91 所示。

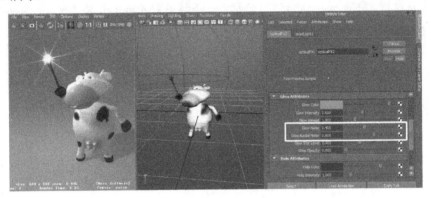

图 9-91

（7）将 Glow Star Level 值设置为 1，Glow Opacity 值设置为 1，渲染的时候就会看到每一条光束都多出很多的小光束，使细节增多，光束也更加漂亮，如图 9-92 所示。

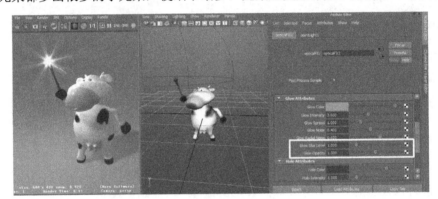

图 9-92

（8）现在将辉光的属性栏拉至最上方，勾选 Lens Flare（镜头光斑），渲染会看到辉光产生出一长串的镜头光斑效果，如图 9-93 所示。

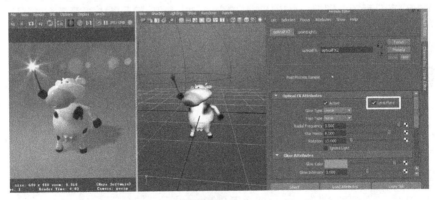

图 9-93

（9）此时镜头光斑的角度有些偏上，我们希望镜头光斑能从小奶牛的脸部穿过。将辉光的属性栏向下拉，打开 Lens Flare Attributes（镜头光斑属性）卷轴栏，修改 Flare Vertical

值为 0，渲染后可以看到，镜头光斑的角度改变了，如图 9-94 所示。

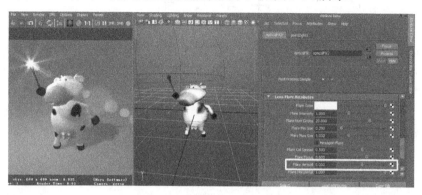

图 9-94

（10）将 Flare Horizontal 值修改为 0.2，Flare Length 值修改为 3，这样镜头光斑就可以向中间集中一些，并且光斑之间的距离也会拉长，如图 9-95 所示。

图 9-95

（11）将 Flare Color 设置为浅蓝色，Flare Intensity 值修改为 2，使光斑的强度更大。设置 Flare Min Size（光斑最小尺寸）为 0.1，Flare Max Size（光斑最大尺寸）为 1.5，这样光斑的尺寸就会在这两个数值之间随机变化。勾选 Hexagon Flare，使光斑呈六边形显示，如图 9-96 所示。

图 9-96

最终完成的文件参见 9-3-Light Effects-ok.mb。

本 章 小 结

　　本章以实例的形式介绍了 Maya 灯光的使用方法，可以这么说：学会了 Maya 灯光类型，仅证明学会了 Maya 的灯光，对于别的三维软件又要重新开始学起，但学会了布光的技巧，对任何一个三维软件都是手到擒来。

　　实际上灯光在技术上难度不高，最难也是最重要的则是技术以外的东西，例如布光的技巧、反光板的设置等，建议阅读一些摄影方面的书，了解一下摄影技术方面的布光方法。

作　业

　　1. 认真观察周围的物体，尤其对那些觉得特别醒目的光线的照射角度进行仔细观察。

　　2. 制作一组室内静物的光照效果图，注意打出静物的轮廓，并烘托出一定的气氛。图 9-97 为范例，是郑州轻工业学院动画系黄敏慧完成的作品。

图 9-97

　　3. 使用所学到的灯光特效，制作一个灯光效果灿烂的舞台。

第 *10* 章

Maya 的摄像机

➡ 10.1 摄像机设置

　　摄像机设置是 Maya 中一项最基本的设置，在每一个新建的文件中，一开始 Maya 就自动给这个场景创建 4 台摄像机。由这 4 台摄像机在场景中组成了文件的 4 个不同的视图：前视图、顶视图、侧视图、透视图。这 4 台摄像机如图 10-1 所示。

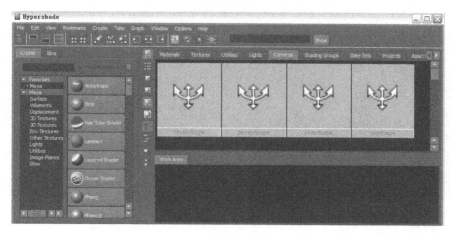

图 10-1

　　Maya 中摄像机和现实中摄像机的用途基本是一样的。现实中的摄像机一般都是用来记录视频图像的，如果不按"开始摄像"钮，那么它只会起到观察、定位而非记录的作用。Maya 中的摄像机也是这个用途，一般来说，在调节物体的模型、材质甚至灯光时，Maya 中的摄像机会在待机状态，只起到给软件操作者观察、定位的作用，而当操作者打开 Maya 中摄像机的动画设定钮以后，摄像机就会按照操作者设定的意图进行动画记录了。

　　Maya 视图中创建的摄像机的符号就是一个摄像机的线框图，而且创建出的摄像机有多个类型可供选择，使用的种类要按照不同的摄像要求来定，如图 10-2 所示。

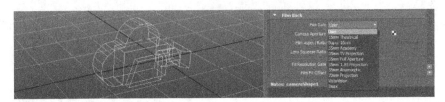

图 10-2

在渲染的时候经常会发现：本来在视图中的场景渲染后有一部分跑到图片外面了，如图 10-3 所示。如果需要准确对位，执行视图菜单的 View→Camera Settings→Resolution Gate 命令，将摄像机的分辨率框打开，框内就是渲染的范围，如果修改渲染图片大小，框也会随之改变，如图 10-4 所示。

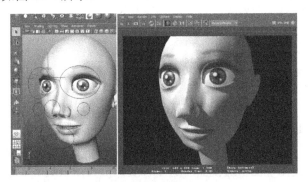

图 10-3

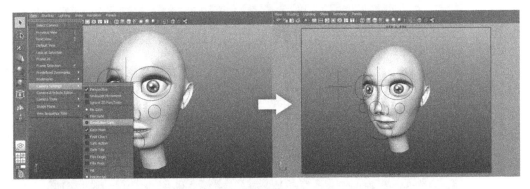

图 10-4

⯈ 10.2 摄像机景深特效实例

景深是摄影技术常见的名词。一般而言，无论是摄像机还是照相机都有一个聚焦的范围，也就是在某个距离段上的物体是清晰的，而不在这个距离段上的物体则不清晰。这种效果称为照相机或是摄像机的景深（Depth of Field），如图 10-5 和图 10-6 所示。

图 10-5

图 10-6

上面两张摄影作品由郑州轻工业学院动画系 04 级王莹所拍摄，都把聚焦点设置在了前景的位置，因此，越向后，图片越模糊，这就是典型的景深效果。

在本节中将以一个特效实例来对 Maya 中摄像机的作用和功能进行一些了解和学习。

（1）首先打开 10-1-Camera.mb 文件。这个文件里有 4 个排成一排的杯子，为以后做景深特效使用。还为整个场景打上了两盏灯光，并且创建了一台 Camera and Aim 类型的摄像机，如图 10-7 所示。

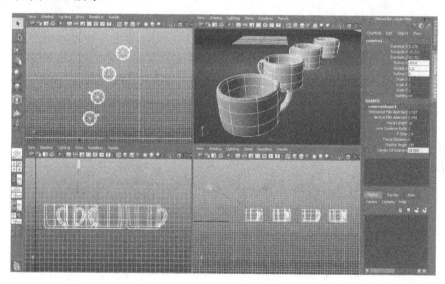

图 10-7

单击选中文件中的摄像机，或在摄像机视图中执行 View→Select Camera（选择摄像机）命令，然后按键盘上的"Ctr+A"组合键，打开摄像机的属性设置面板，在 Depth of Field 卷轴栏中的 Depth of Field 前面的小方框中打勾，打开景深效果，如图 10-8 所示，渲染出来的效果如图 10-9 所示。

从图 10-9 中可以看到，由于已经打开了景深特效的开关，因此景深特效出现了。但是焦点没有对准位置，因此出现了一片模糊的景象。

对于下一步的调节，如果只是调节摄像机属性面板中的景深特效参数，一旦物体有所变动，又得重新进行调节。属性面板中的参数不能直观地调节，因此，必须使用另外的方法对摄像机的聚焦点进行精确定位。

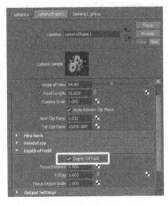

图 10-8

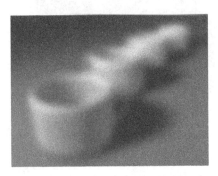

图 10-9

（2）执行主菜单的 Create（创建）→Measure Tools（测量工具）→Distance Tool（长度测量工具）命令，先后在摄像机和摄像机前面的 Aim 点上进行鼠标左键单击，创建出有两个 Locator 点的长度测量工具，如图 10-10 所示。

图 10-10

（3）执行主菜单的 Window→Outliner 命令，在大纲窗口中单击 Camera1_Group 前面的小加号，使 Camera1_Group 组全部展开。将刚刚创建的 Distance Tool 里靠近摄像机的 Locator1 用鼠标中键拖到 Camera1 上，将靠近 Aim 点的 Locator2 用鼠标中键拖到 Camera1_Aim 上，使两个 Locator 点分别成为 Camera1 和 Camera1_Aim 的子物体，如图 10-11 所示。

子父物体是 Maya 中一项很常用的命令。它的作用就是把两个或多个物体组成附属的关系。即当把两个物体进行了子父物体的设置以后，其中被设为子物体的就要随着父物体的变动而进行变动，父物体去哪里，子物体就要跟着它去哪里。然而子物体的变动不会影响到父物体。

刚才对于摄像机的设置就是将 Distance Tool 里的那两个 Locator 点分别设置为摄像机的两个控制点的子物体，让 Locator 物体随着摄影机镜头拉伸进行位置上的变化。但是在聚焦上，Locator 点位置的变更却会影响到摄像机聚焦点的变化，即这个实例就是要把

Locator2 变化的位置作为摄像机聚焦点的位置，使摄像机的聚焦点变得直观，使操作一目了然。

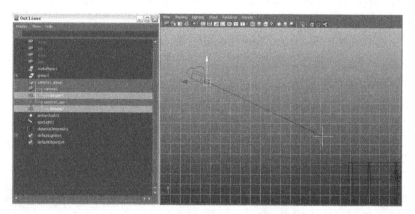

图 10-11

（4）在打开的大纲窗口中执行 Display（显示）→Shapes 命令，使 Display 面板中的 Shapes 处于勾选状态，这样，在大纲窗口中一直隐藏着的物体 Shape 结点就显露出来了，图 10-12 和图 10-13 显示了在执行命令前后的大纲窗口的变化。

（5）执行 Window→Generel Editors（综合编辑器）→Connection Editor（连接编辑器）命令，打开 Connection Editor（连接编辑器）窗口，现在可以看到两边的栏里面都是空的。

打开大纲窗口，并在大纲窗口中单击 distanceDimension1 前面的"+"号小方框，将 distanceDimension1 组全部展开，单击 distanceDimensionShape1 结点，在 Connection Editor（连接编辑器）中单击左上方的 Reload Left 钮，这样刚才被选中的 distanceDimension Shape1 结点的全部属性就在 Connection Editor（连接编辑器）左侧窗口中全部展开了。

用相同的方法，将大纲窗口中的 CameraShape1 结点选中，单击 Connection Editor（连接编辑器）右上方的 Reload Right 钮，将其属性也全部展开，如图 10-14 所示。

图 10-12　　　　图 10-13　　　　

图 10-14

（6）在已经分别引入了 distanceDimensionShape1 结点和 CameraShape1 结点的 Connection Editor（连接编辑器）中，找到左侧 Outputs 栏中的 Distance 属性，并用鼠标左键单击将它选中，在右侧的 Inputs 栏中找到 Focus Distance 属性，也将它单击选中。

这时会发现，左右被选中的 Distance 属性和 Focus Distance 属性都已经以斜体的方式在 Connection Editor（连接编辑器）显示了，这说明这两个不同结点的属性已经被关联在一起了，如图 10-15 所示。

这时在先前所创建的 Distance Tool（长度测量工具）已经被派上用场了，因为它所创建出来的 Locator 点已经被作为聚焦的控制点，下面就可以自由地对视图中的摄像机聚焦点进行直观而精确的定位了。

（7）在大纲窗口中单击选中 Locator2，并使用移动工具将其移动到想要作为聚焦点的位置，在这里选择移动的位置是在第二个杯子处。

这时虽然看到摄像机的 Aim 点没有动，但实际上聚焦点已经被 Locator2 点定位好了，定位的位置如图 10-16 所示。

图 10-15　　　　　　　　　　　　　　图 10-16

（8）打开摄像机的属性设置面板，确定 Depth of Field 卷轴栏中的 Depth of Field 前面的小方框中已经打上勾了，并调节 F Stop 值为 1.2，如图 10-17 所示。现在可以开始进行最终的渲染了，渲染效果如图 10-18 所示。

F Stop 是调节焦距大小的一个参数，它的属性参数值越小，焦距就会越短，反之焦距会越长。

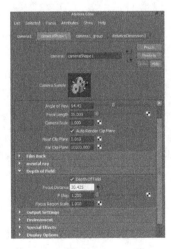

图 10-17　　　　　　　　　　　　　　图 10-18

本实例的最终源文件参见 10-1-Camera-ok.mb。

10.3 摄像机运用技巧

对于 Maya 中的摄像机，常用参数很少，使用起来也相对简单。但是抛开参数，仅就它的使用技巧而言，要学习 Maya 以外的知识却很多，也难得多。

一部优秀的动画作品是由许多优秀的镜头所组成的，而镜头是指从一个角度连续拍摄的画面。也可以这么说：从摄像机开机拍摄，到它被关闭，这段时间所获得的影像就是一个镜头。

什么样的镜头才算是一个优秀的镜头？这里不仅仅包含构图、景别、运动、角度、节奏等基本内容，还要看它是否对整部片子起到的作用。现在，就来对 Maya 中摄像机的使用技巧简单做一介绍。

10.3.1 镜头景别

景别主要是指摄像机与被摄对象间距离的远近，从而造成画面上形象的大小变化。一般情况下，景别大致可以分为远景、中景、近景、全景、特写等。

远景镜头：基本要在画面中显示场景中的所有内容，告知观众这个故事发生在一个什么样的环境下。如图 10-19 所示，观众可以从这个镜头中被告知这是一个办公环境，桌子上有成堆的文件。

图 10-19

远景是个相对概念，因为图 10-19 可能实际距离只有 10 m 左右，但是发生的所有故事都会在这个场景中展开，因此这已经是场景中最远的距离了。

在《星际争霸Ⅱ》这款游戏的虫族 CG 视频中有一段大规模进攻的动画，这应该算是比较远的远景效果了，如图 10-20 所示。

图 10-20

　　全景镜头：出现人物全身形象或是场景全貌的镜头，它比远景镜头距离角色更近些。这种镜头非常适合表现肢体动作，或者场景中要发生的事件，如图10-21所示。

　　图10-22是《星际争霸Ⅱ》人族制造机枪兵的CG动画，全景表现出制造的全过程，以及场景中各种机械运动的效果。

图 10-21

图 10-22

　　中景镜头：显示人物臀部以上（或以下）部分形象的镜头，摄像机与角色之间保持着充分的距离，以便能够看清楚角色以及周边的环境。它比全景镜头距离角色更近，能够使观众更清楚地看到角色上半身（或下半身）的动作。图10-23就可以充分表现主角拼命打字、工作的状况。

图 10-23

　　动画片《超级无敌掌门狗》中，居民惊讶的夸张动作由于只有上半身运动，因此使用的是中景镜头，如图10-24所示。

图 10-24

　　近景镜头：显示人物肩部或胸部以上形象的镜头，可以更加深入刻画角色的情感，比较适合表现头部动作。图10-25就可以表现主角叹气、摇头的动作。

　　在动画片《怪物公司》中，近景镜头很好地表现了面部的动作，如图10-26所示。

　　特写镜头：显示人物面部表情的镜头，可以细致地表现人物面部的表情细节，在刻画人物情绪时尤其常用，极近的镜头也拉近了观众与角色之间的距离，使观众能够更加充分地感受到角色的情绪，如图10-27所示。

图 10-25

图 10-26

图 10-27

动画片《超级无敌掌门狗》中，两主角对话的场景，使用特写镜头就很好地反映出两主角截然不同的心情，如图 10-28 所示。

图 10-28

10.3.2　镜头角度

一般常用的镜头角度可以分为仰视、平视、俯视、倾斜几种。

仰视镜头：把摄像机放在低于被摄物体的位置，然后把摄像机头部稍稍抬起，由下往上进行拍摄，如图 10-29 所示。

当一角色出场的时候，经常会使用这种仰视镜头，可以突出表现角色。仰视的角度也会让观众产生敬畏的感觉。图 10-30 所展示出一名战士在上战场之前的精神状态。

图 10-29

图 10-30

平视镜头：使摄像机和被摄物体处于水平的位置，然后进行拍摄，如图 10-31 所示。

这是一种中性的镜头，由于观众和角色处于同一水平线上，并且直接对着眼睛，因此往往让观众感到和角色处于同一地位。这也是使用最频繁的镜头角度。

俯视镜头：与仰视角度相反，使摄像机角度高于被摄物体，从上往下进行拍摄，如图 10-32 所示。

图 10-31   图 10-32

这样的镜头表现人物，经常是暗示着这个人物地位的卑微，和面对世界的渺小。在战争片中，有很多这样的镜头，来表现士兵在战争中的地位，如图 10-33 所示。

图 10-33

倾斜镜头：这是一种比较特殊的镜头类型，也被称为"荷兰镜头"或"香港镜头"，通过对摄像机镜头的倾斜，画面水平线不再保持平行，从而使画面效果具有更多的戏剧性。图 10-34 就表现出一名工作者所承受的巨大工作量。

以上所介绍的都是最常用的镜头效果，如果希望深入学习镜头的运用，可以参考一些导演方面的书籍。

图 10-34

本 章 小 结

这一章介绍了 Maya 摄像机的基本操作，以及镜头运用的技巧。

在学生作业中，绝大多数学生都会把精力放在建模、材质、灯光、动作这些技术上面，在最后输出影片的时候，往往是随便架设一架摄像机了事，这样使影片的最终效果大打折扣。希望读者在学完本章后能够在镜头设计方面有所提高。

作 业

1．将前面练习中所制作的场景打上摄像机，运用本章所学到的知识进行设置。图 10-35 为范例，是郑州轻工业学院动画系白冰辰完成的作品。

图 10-35

2．为一个室外场景设置景深。

3．根据本章第 3 节中所学到的摄像机运用技巧，对自己的三维动画短片的镜头进行重新设置。

第11章
基础动画

在给其他专业学生上课的时候，只要演示动画效果，哪怕只是让角色眨一下眼睛，都会听到下面的阵阵惊呼声。动画的魅力就在于让画中的人物或物体动起来，而不动的画只能称之为角色设定、场景设定。

本章学习怎样在 Maya 中制作动画，在这之前，需要记住动画大师格里穆·乃特维克的话：动画的一切皆在于时间点（Timing）和空间幅度（Spacing）。

这句话实际上点出了动画的本质。动画中最重要的两个因素就是"时间"和"空间"。

上述这些仅仅是对动画的最本质的理解，对于动画制作，尤其是对软件操作人员来说，最基本的依然是软件的制作工序。

无论用哪种软件，在制作动画的时候，最基本的要素一定是"Key"，即"关键帧"。动画中最基本的组成部分就是帧，一帧就是一副画面，而一秒要播出 25 帧左右才会使眼睛感觉运动是流畅的。那么，什么又是关键帧呢？

"关键帧"指角色或者物体运动或变化中关键动作所处的那一帧，关键帧与关键帧之间的动画可以由软件来创建，称为过渡帧或者中间帧。在图 11-1 中，球体运动的起始点和结束点被设置为关键帧，这两个关键帧之间的过渡帧就可以被 Maya 自动创建出来。

图 11-1

如果希望物体运动复杂一些，关键帧就要设置得多一些，如图 11-2 所示。

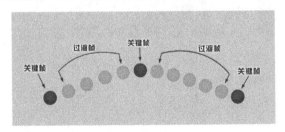

图 11-2

下面将通过一个简单的例子来进行阐述。

⫸ 11.1　基础关键帧实例——小球跳跃动画

（1）首先在场景中创建一个球体和一个作为地面的平面，将球体放置在地面的一侧，并选中球体执行 Modify→Freeze Transformations 命令，将球体的所有数值全部清零，如图 11-3 所示。

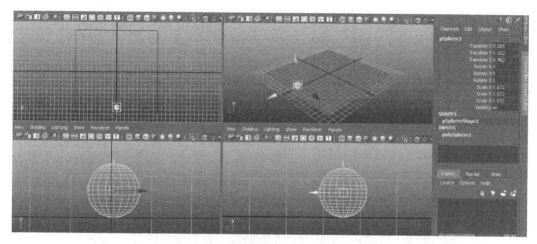

图 11-3

（2）在 Maya 中最常用的创建关键帧的方法有 3 种：一种是选中物体，执行 Animate→Set Key 命令；另一种是选中物体，按键盘上的"S"键；第三种则是在物体属性栏上单击鼠标右键，选择 Key Selected 命令，如图 11-4 所示。

图 11-4

在设定关键帧之前，需要做一些准备工作。选中小球，按键盘的"Insert"键，移动它的轴心点到球底正中间的位置，再按 Insert 键恢复，这样做的目的是为了后面制作放缩动画，如图 11-5 所示。

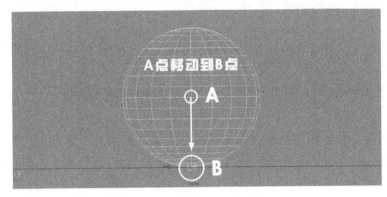

图 11-5

（3）在界面右下方，设置时间轴的总帧数为 60 帧。

下面来设定小球的弹跳关键帧。由于要设定的属性较多，所以可以通过按键盘上的"S"键来设定。时间滑块放置在第一帧，按"S"键，设定一个关键帧。然后就可以看到，通道栏小球所有的属性都变成浅红色，时间轴第一帧的位置也出现了一条红色的线，表明关键帧设置成功，如图 11-6 所示。

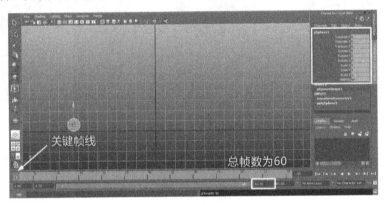

图 11-6

这时可以将小球随意移动，但是一拖动时间轴，会看到小球迅速回到设定关键帧的那个位置。

（4）继续设定下面的关键帧。将时间轴上的滑块拖动到第 10 帧，把球向上并向右移动一些，按"S"键打上关键帧；第 20 帧，把球向右并向下移动到地面的位置，按"S"键打上关键帧。这样拖动时间滑块，会看到小球已经开始跳动了，如图 11-7 所示。

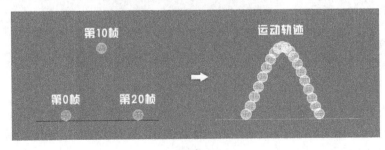

图 11-7

查看的时候也可以把运动轨迹打开：选中小球，执行 Animate→Create Animation Snapshot 命令，就可以显示小球的运动轨迹，查看完以后按"Ctrl＋Z"组合键，回到显示运动轨迹之前，再进行后面的调整。

（5）现在设定第二次跳跃，它应该比第一次跳跃的力度要减少一些，因此在第 28 帧处调整位置，高度要比第 10 帧低一些，距离也比第一次跳跃要短，并设定关键帧；第 36 帧处也同样调整位置，并设定关键帧。第二次跳跃用 16 帧就完成，比第一次跳跃少 4 帧，如图 11-8 所示。

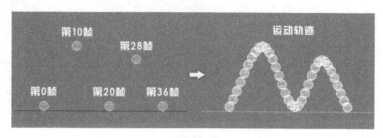

图 11-8

（6）接下来要设定第三次跳跃。分别在第 42 帧和第 49 帧调整小球的位置，跳跃的高度和距离要比第二次小，然后设定关键帧，使其运动轨迹如图 11-9 所示。

（7）第四次跳跃。分别在第 54 帧和第 59 帧调整小球的位置，跳跃的高度和距离要比第三次要小，然后设定关键帧，使其运动轨迹如图 11-10 所示。

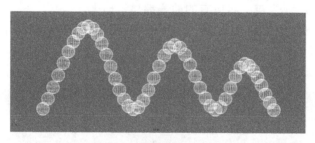

图 11-9

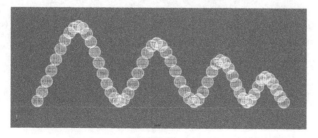

图 11-10

（8）现在可以单击时间轴右侧的播放键来观看运动效果，由于 Maya 中运动速度显示并不准确，因此如果希望看到真实的运动效果，可以在时间轴上单击鼠标右键，在弹出的菜单中选择 Playblast 命令，这样 Maya 就会在所在的视图中，将物体的运动以抓屏捕捉的方式生成一段视频，生成完毕后会自动弹出播放，这样就会看到场景中物体的真实运动速度，如图 11-11 所示。

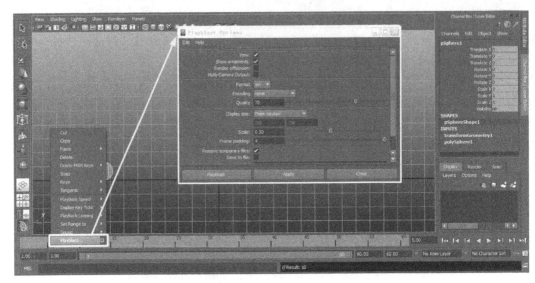

图 11-11

（9）真实的小球运动看起来软绵绵的，这是由于过于匀速所造成的。如果认真观察真实的小球跳动就会发现，小球离开和即将到达地面的速度是最快的，而到达最高点的时候速度会稍稍变慢。

现在来调整变速。选中小球，执行 Window→Animation Editors→Graph Editor，打开它的设置窗口，并按 "A" 键，将所有的曲线都显示出来。

在其窗口中能够看到 4 条曲线，每单击一条曲线，左侧的窗口就会跳转到该曲线的属性上面去，如图 11-12 所示。

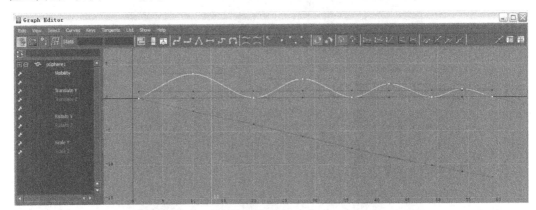

图 11-12

（10）由于需要调整的是在 Y 轴上移动的数值，因此在左侧栏中单击 Translate Y，使右侧窗口只显示 Translate Y 的数值变化曲线。

选择最下面一排的点，即小球落地的那 5 个关键帧，单击上方的尖角按钮，使它们由平滑的曲线改变为较大的转折，如图 11-13 所示。

（11）现在来看一下小球运动轨迹的变化，由于调整了落地时关键帧，使小球在落地时弹起较快，如图 11-14 所示。

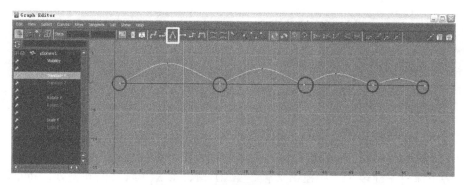

图 11-13

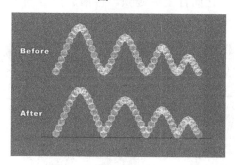

图 11-14

（12）实际上现在所制作的小球只能算是一个硬球，如果希望把它做成一个皮球，那还需要做些调整。

皮球是软的，落地的时候由于惯性，会被挤压变形。

将时间轴拖拽到第 20 帧，使用放缩工具，将小球压扁一些，并按"S"键设定关键帧，这样小球在第一次落地的时候会有被挤压变形的效果，如图 11-15 所示。

（13）分别设定第 1 帧、第 20 帧、第 36 帧、第 49 帧、第 59 帧时小球被挤压的效果，运动轨迹如图 11-16 所示。

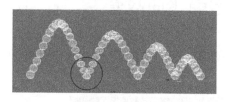
图 11-15

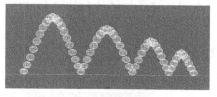
图 11-16

（14）虽然现在小球落地有了被挤压的效果，但运动起来还是看起来很古怪，这是因为小球只有落地的那一帧是被压扁的，而即将落地和被弹起的时候都是被拉伸的。

依然在小球第一次落地的位置上进行调整。小球落地是第 20 帧，分别在设置第 19 帧和第 21 帧的时候，使用放缩工具将小球向上拉伸一些，并按"S"键将它们打上关键帧，运动轨迹如图 11-17 所示。

（15）分别在小球第 2 帧、第 19 帧、第 21 帧、第 35 帧、第 37 帧、第 48 帧、第 50 帧、第 58 帧处，将小球向上拉伸，并按"S"键将它们打上关键帧，再播放会看到小球的弹性好多了，运动轨迹如图 11-18 所示。

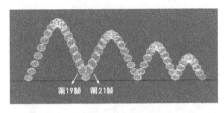

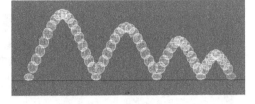

图 11-17　　　　　　　　　　　　　　图 11-18

（16）现在继续为动画添加细节。分别在小球第 19 帧、第 35 帧、第 48 帧、第 58 帧处，将小球向左旋转 15°；在第 2 帧、第 21 帧、第 37 帧、第 50 帧处，将小球向右旋转 15°，并按"S"键将它们打上关键帧，再播放会看到小球的弹跳有了更多的方向性，运动轨迹如图 11-19 所示。

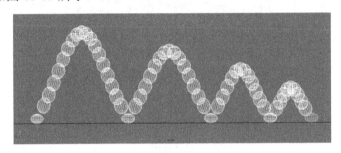

图 11-19

这样，小球跳跃动画就制作完成了。完成的动画源文件参见 11-1-ball.mb。

这个实例比较简单，但却是每一个动画人都要做的练习，同时也是我们了解 Maya 动画的第一步，下面的实例会带来更多的乐趣。

11.2　摄像机动画实例——炮弹飞向敌营

这个实例是调整摄像机跟随在空中飞行的炮弹一起飞向敌营的动画，最终效果如图 11-20 所示。

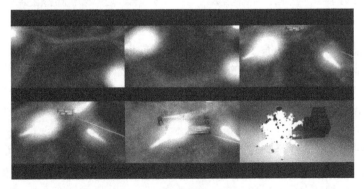

图 11-20

打开 11-1-war.mb 文件，视图中有一个很大的场景，并在一角有一处敌营（建筑物），如图 11-21 所示。

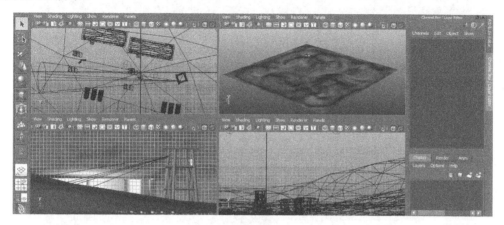

图 11-21

（1）执行 Create→Cameras→Camera（摄像机）命令，创建一个摄像机，并在视图菜单中执行 Panels→Perspective→CameraShape1 命令，切换到摄像机视图。

执行视图菜单中的 View→Cameras Settings→Resolution Gate 命令，打开摄像机视图的分辨率框，框中显示的部分是将要被渲染出来的。

我们希望炮弹能够飞得远一些，所以操纵摄像机视图，使其位于场景中敌营的对角位置，如图 11-22 所示。

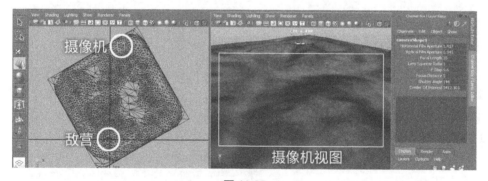

图 11-22

（2）现在看一下，怎样在摄像机视图中，直接为摄像机打上关键帧。

先来调整时间轴长度为 200 帧，在摄像机视图中，执行视图菜单的 View→Select Camera（选择摄像机）命令，这样视图中的分辨率窗口就会呈白色显示，即视图的摄像机被选中了。

在第 1 帧的位置直接按"S"键设定摄像机的关键帧，如图 11-23 所示。

（3）由于这个镜头主要表现远程火炮从较远的位置向敌营开炮，炮弹经过长时间的空中飞行，直扑敌营的效果，因此我们希望炮弹在空中停留的时间长一些。

在时间轴上将时间滑块拖动到第 159 帧，将摄像机视图移动到敌营的上方，按"S"键打上关键帧，如图 11-24 所示。

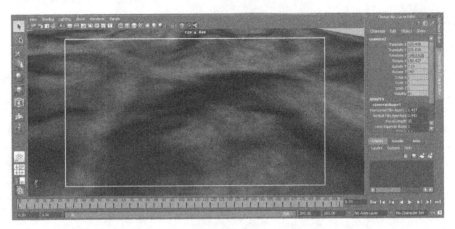

图 11-23

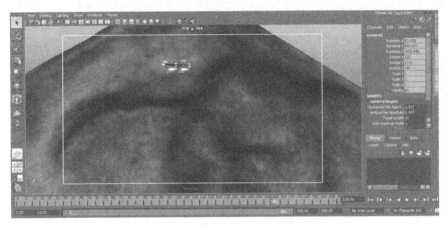

图 11-24

（4）飞行到敌营上空以后，炮弹要下落，在这个过程中因为受到重力的影响，速度会加快，同时快速地下降也会有视觉上的冲击。

将时间滑块拖动到第 200 帧，操纵摄像机视图指向敌营中间的弹药箱上，这样，仅有的 60 帧时间能够很好地表现炮弹急速下落的过程，如图 11-25 所示。

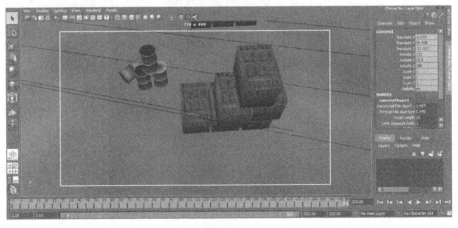

图 11-25

（5）保持摄像机的选择，执行 Window→Animation Editors→Graph Editor 命令，打开动画曲线编辑器，在左侧选中 Translate Y 和 Translate Z 项，使右侧窗口中只显示这两项的动画曲线。

将这两项的倒数第二个关键帧，分别向上和向下移动一些，这样可以使下落速度更快，视觉冲击更强。

图 11-26 所示右侧窗口中，蓝、绿色曲线部分是调整以前的，白色曲线部分是调整好的。

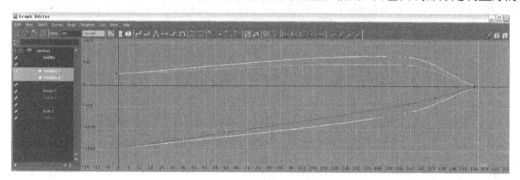

图 11-26

（6）现在来调整炮弹部分。新建一个 Polygon 球体，进入点级别，将它调整为前面大后面小，类似于流星的形状。修改完如果转折太大，可以执行 Mesh→Smooth 命令，将它光滑一下。

执行 Window→Rendering Editor→Hypershade 命令，在 Hypershade 窗口中新建一个 Lambert 材质，修改颜色为橘黄色。

在 Special Effects 卷轴栏中，将 Glow Intensity 值修改为 4，使模型自发光效果强烈，并勾选 Hide Source，隐藏模型，只保留自发光的效果，如图 11-27 所示。

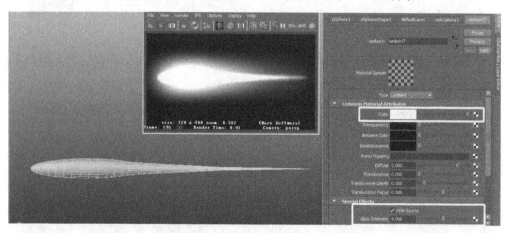

图 11-27

（7）由于场景太大，如果再来调整炮弹飞行的线路，并使其位置与摄像机完全保持一致的难度较大，因此，在第 1 帧的位置上调整炮弹位于摄像机视图内，打开大纲窗口，将炮弹模型作为摄像机的子物体，这样炮弹的运动轨迹就调整好了。播放动画，会看到炮弹模型始终处于摄像机视图内，如图 11-28 所示。

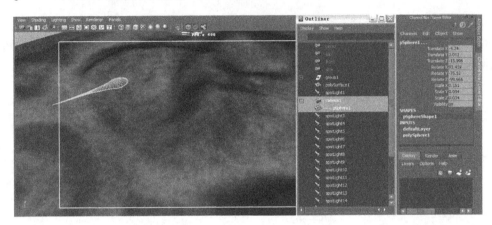

图 11-28

（8）现在炮弹在视图中的位置从始至终都是完全一样的，这就需要进行一些微调。

选中炮弹，分别在时间轴的不同帧数上改变位置，并设置关键帧。在炮弹开始下落时进行旋转，使炮弹大头朝下，如图 11-29 所示。

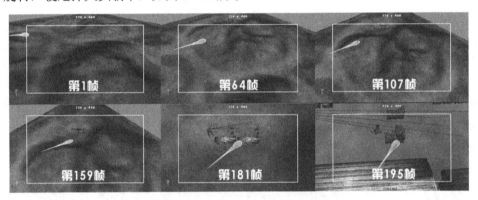

图 11-29

（9）只有一颗炮弹似乎太孤单了。选中炮弹模型并再复制两个，将它们调整成不同的角度，都设置为摄像机的子物体，如图 11-30 所示。

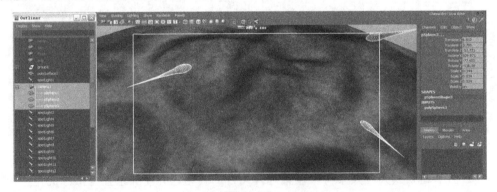

图 11-30

（10）依然在时间轴的不同帧数上调整它们的位置，使 3 颗炮弹看起来像你追我赶似的，但记住下落的时候使它们大头朝下，如图 11-31 所示。

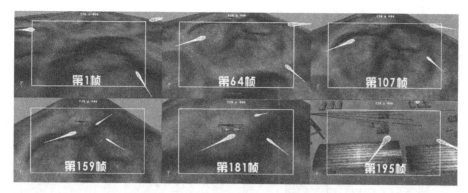

图 11-31

这样，动画就基本完成了，可以渲染出视频格式观看。制作好的文件 11-1-war-ok.mb 文件。

11.3 材质动画实例——变脸

川剧中的变脸是一门独特的艺术，虽然我们不知道它的原理，但是可以在 Maya 中实现，如图 11-32 所示。

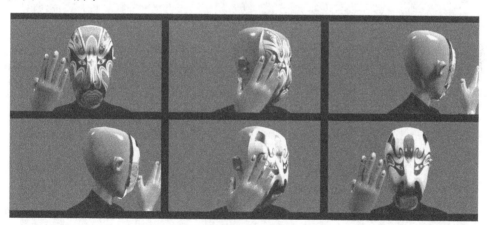

图 11-32

打开 11-3-mask.mb 文件，场景中的人物动作已经调好了，灯光、背景也都设置完毕，角色脸部前面有一个面具，我们将使用这个面具来完成变脸的整个过程，如图 11-33 所示。

（1）执行 Window→Rendering Editors→Hypershade 命令，打开 Hypershade 编辑器，新建一个 PhongE 材质球，单击 Color 属性后面的贴图钮，选择 File，并选择 12-3-1.jpg 文件，这是一张脸谱。将 PhongE1 材质球指定给面具模型，会看到贴图位置出现错误，如图 11-34 所示。

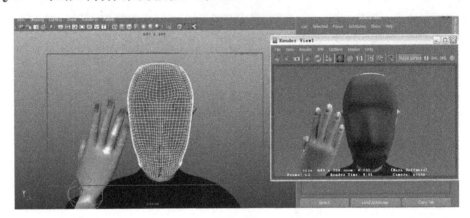

图 11-33

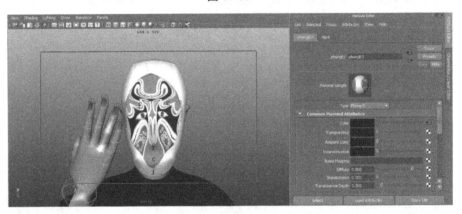

图 11-34

（2）选择面具模型，打开 Create Uvs→Planar Mapping 的命令设置面板，设置 Projectfrom 为 Z 轴向，单击"Apply"按钮。将平面坐标拉大，使脸谱完全罩着模型，如图 11-35 所示。

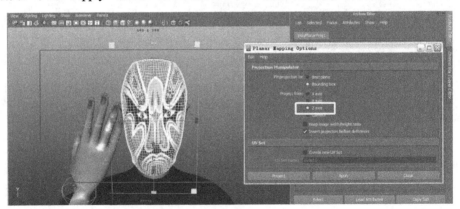

图 11-35

（3）由于贴图的改变是不能做成动画效果的，因此，如果涉及不同的贴图，都需要使用 Layered Shader 材质来制作。

在 Hypershade 里新建一个 Layered Shader 材质球，并打开它的属性面板，使用鼠标中键，将刚才做好的 PhongE1 材质球拖动到它的 Layered Shader Attributes 中，并将前面的

绿色材质删除。将设置好的 Layered Shader 材质球指定给面具模型，渲染看到与 PhongE1
材质球的效果没有任何区别，如图 11-36 所示。

图 11-36

（4）在 Hypershade 窗口中选中 PhongE1 材质球，执行 Hypershade 菜单中的 Edit
→Duplicate→Shading Network 命令，复制出一个 PhongE2 材质球，并双击打开它的属
性面板，将 12-3-1.jpg 文件重新指定给 Color 属性，这是另外一张脸谱图片，如图 11-37
所示。

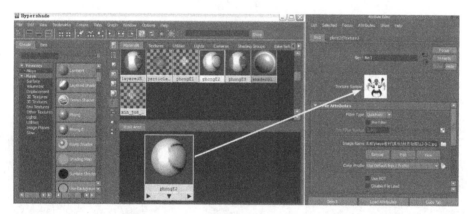

图 11-37

（5）选择 PhongE2 材质，用鼠标中键拖动到 Layered Shader 材质球的层级面板中，顺
序位于 PhongE1 材质的后面，如图 11-38 所示。

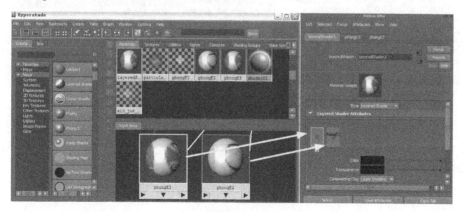

图 11-38

（6）接下来要设置材质的动画效果。先拖动一下时间轴，观察一下角色的动作，发现角色是在第40～50帧将头背过去，第51～55帧不动，第56～60帧将头转过来，那么材质的动画就需要在第51～55帧的时候完成。

实际上材质的动画就是调节Layered Shader材质球靠前层级的透明度，来使下面层级的材质显示出来，现在PhongE1材质球在最顶层，所以面具模型显示的就是PhongE1的材质，现在要调整它的透明度，使下一层级的PhongE2材质球显示出来，如图11-39所示。

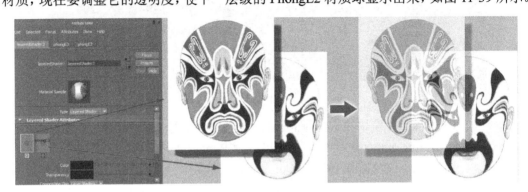

图 11-39

（7）由于材质球的属性极多，因此不能直接按"S"键将所有的属性都打上关键帧。

将时间轴拖动到第51帧位置，选择PhongE1材质球，并打开属性面板，在Transparency（透明度）属性上右键单击，选择Set Key，只对透明属性添加关键帧，而不会对其他属性产生任何影响，如图11-40所示。

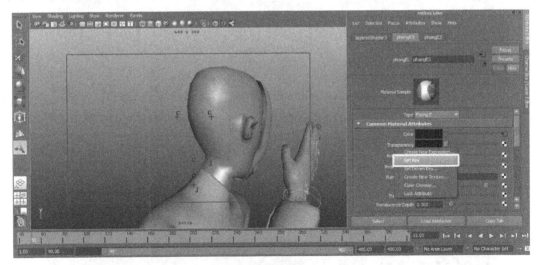

图 11-40

（8）再将时间轴拖动到第55帧，将Transparency（透明度）属性的颜色设置为纯白色，即完全透明，并使用鼠标右键选择设置关键帧，这样在第51～55帧就完成了PhongE1材质的逐渐完全透明，并透出PhongE2材质的动画，如图11-41所示。

在我们提供了5张脸谱图，感兴趣的读者可以拿来制作变脸5次的动画，如图11-42所示。

图 11-41

图 11-42

（9）由于希望在片中出现一些灯光的变化以烘托气氛，因此要对场景内的光源做一些动画效果，如图 11-43 所示。

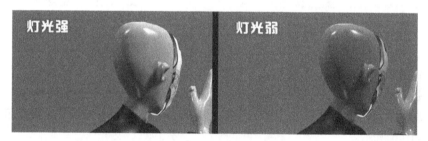

图 11-43

最好的效果就是从角色刚开始转头时，就使灯光开始变弱，因此将时间滑块拖动到第 41 帧处，打开 Outline（大纲视图），选择主光源 SpotLight1，并打开属性面板，设置 Intensity（灯光强度）关键帧，如图 11-44 所示。

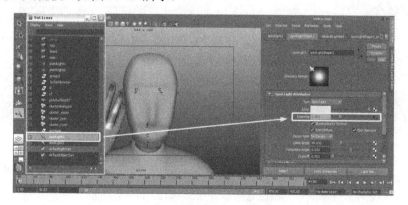

图 11-44

（10）将时间轴拖动到第 50 帧，即角色背过头的时候，设置 Intensity 值为 1，降低灯光强度。再在第 55 帧也打上关键帧，这样在第 50～55 帧之间，灯光强度就维持不变了。在第 60 帧时，即角色转头回来的时候，将灯光强度调回 2，并设置关键帧，如图 11-45 所示。

（11）如果多设定几次变脸，那么每变一次，灯光的属性就要打一次关键帧。如果不希望这么麻烦，可以将灯光的变化设置成一个循环，让它无休止地循环下去。

注意观察：发现每变一次脸的时间长度是 60 帧，但灯光的设定是从第 41 帧开始的，到第 60 帧结束，一次循环只有 20 帧。

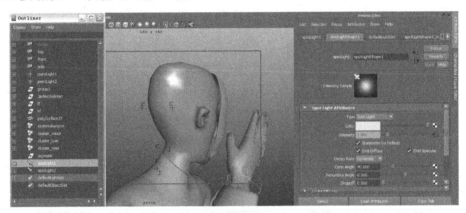

图 11-45

将时间滑块拖动到第 1 帧位置，再为灯光强度设定一个关键帧，这样灯光的一个循环就是从第 1 帧开始，到第 60 帧结束，和变脸的时间长度一样了。

选中主灯光 SpotLight1，执行 Window→Animation Editor→Graph Editor 命令，打开动画曲线编辑器，在左侧窗口中选择主光源的 Intensity 属性，右侧会显示出它的变化曲线，如图 11-46 所示。

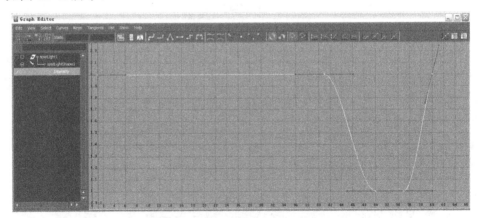

图 11-46

（12）执行 Graph Editor 菜单的 Curves→Post Infinity→Cycle 命令，这样灯光强度的变化就会以这 60 帧为一个循环，无限地播放下去，如图 11-47 所示。

制作完毕的动画源文件参见 11-3-mask-ok.mb 文件。

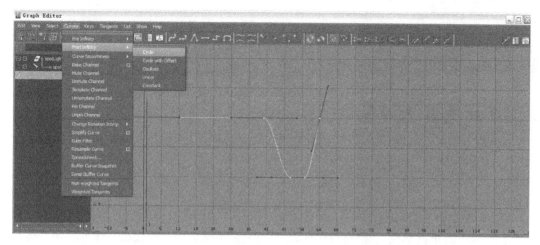

图 11-47

本 章 小 结

这一章对 Maya 的动画部分做了一个大致的叙述,并列举了几个重要动画设置的方法。实际上动画调整主要在于对关键帧和曲线的调整,希望在练习后不要仅仅满足于书上的实例,还要能够举一反三,对不同的属性都进行一些变化,以增强自己这方面的知识和能力。

作 业

1. 创作一个小球跳的动画,这是动画师必须掌握的一个运动规律,因此要熟练掌握。
2. 为一个室外场景创建一个摄像机动画,该摄像机围绕着场景进行360°的旋转。
3. 为一个静物创建一个材质动画,要求该静物逐渐显示出3种以上的材质效果。
4. 将其他的属性也进行一些动画的设置,看看能够发生哪些变化,并能够运用到哪方面的制作中去。

第 12 章

面部表情系统

对于动画中的角色来说，模型和材质部分只是它的外表，而它的性格、行为部分才是起决定作用的，这就是为什么一些角色的设定很一般，但却在动画中的表现很出色，从而受到普遍的欢迎。

作者在国内高校的动画专业中任教，也曾去过很多所高校的动画专业考察，发现国内的角色设计课程有一个普遍的误区，即重视角色的外观设计，包括体型、五官、服饰，但角色的性格、语言、行为方面的设计几乎忽略，这也是国内动画角色不能够深入人心的一个重要原因。对于角色来说，表现它的性情是需要通过动画来解决的。

一个人的情绪可以有喜、怒、哀、乐，这些情绪变化在大多数情况下都能够通过脸部的表情反映出来。脸部表情的变化主要由嘴部、眼部和眉来体现。另外，角色的说话也是通过嘴部来表现的，如图 12-1 所示。

图 12-1

本章主要介绍 Maya 的表情系统，可以用前面实例中制作的角色来完成本章的实例。

目前表情动画可以通过以下几种方法来实现。

（1）使用摄像机录下一段真人表情动作，再通过外部的软件进行识别，将真实的表情数据运用到模型中，这种方法的优势是可以在短时间内完成表情和口形的动画，缺点是夸张程度不够。

（2）在 Maya 中，使用骨骼、簇等方式来制作表情动画，优点是可以做得很细，缺点也显而易见，即大量的骨骼、簇会使场景复杂起来。

（3）在 Maya 中，将头部模型复制出来，每个头部模型调为一种表情和口形，再使用 Blend Shape（融合变形器）将这些表情指定给原始模型，再配合线控等控制器调整细节。这是目前主流的一种制作方法，可以在较短的时间内调整出较好的表情动画，而且在指定为表情后，大量的表情模型即可删除掉，不会给场景带来更多的模型，从而达到节省系统资源的目的，如图 12-2 所示。

第（3）种制作方法也是我们本章所要学习的内容。事实上用这种方法来制作表情动画，所需要掌握的命令很少，只有 4～5 个，因此技术难度并不高。关键是对表情以及表情动画的掌握，在制作的时候可以拿一面镜子摆在自己面前，边做边看真实的表情是什么样的。

图 12-2

⇒ 12.1　基础表情设定

在制作表情的时候，一些无关的模型，例如身体、头发、牙齿、舌头、眼球等都可以暂时隐藏起来，以免对制作造成影响。

（1）打开没有光滑之前的低精度模型，按键盘上的"Ctrl＋D"组合键，复制出一个模型并移到旁边，如图 12-3 所示。

（2）进入到点级别，先来调整微笑的表情。要注意的是，先调整一侧的嘴角，另外一侧会通过另一种方法来实现。

进入到点级别，调整嘴角的点的位置，使一侧的嘴角微微上翘，如图 12-4 所示。

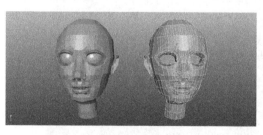

图 12-3

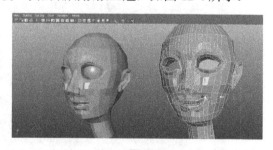

图 12-4

（3）再复制一个原始模型，我们要调整另一侧的嘴角。之所以要将一个微笑的表情分为两个模型来调整，是因为在后面的动画制作中，有可能会出现只翘一侧嘴角的撇嘴表情。分两个模型单独调节一侧嘴角，不但可以完成两侧的撇嘴表情，而且在需要两边嘴角同时翘的时候，只需要两个参数一起调整即可。

已经完成了一侧嘴角的调整，另一侧最好是对称的。但是如果继续进入点级别调整，工作量无疑会加大，而且也不可能调整到和另一侧绝对对称，因此这里需要使用一个小的

MEL 插件来制作。

在实际的工作中经常会用到 MEL 插件，一来它可以帮助我们减少很多工作量，二来它容量很小，操作起来也很简单。先来看一下怎样安装 MEL 插件。

找到 MirrorBlendShape 插件的文件夹，复制其中 scripts 目录下的 ntMBS.mel 文件，粘贴到"我的文档"中\maya\2011（看个人使用的 Maya 版本）\scripts 文件夹下。然后在 Maya 中，执行 Window→Genaral Editors→Script Editor（脚本命令编辑器）命令，在下方输入 "ntMBS;"，实际上就是 ntMBS.mel 的文件名，然后选中输入的这几个字母，使用鼠标中键拖动到 Maya 的工具栏上，这样工具栏上会出现一个 MEL 图标，单击即可打开 MEL 命令的主界面，如图 12-5 所示。

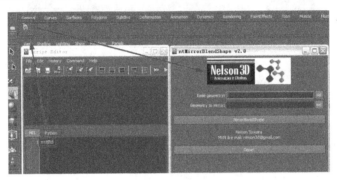

图 12-5

（4）我们来看一下这个 MEL 插件的使用方法。先选中最原始的头部模型，在 MEL 插件的主界面中，单击一下 Base geometry（原始模型）后面的 "sel" 按钮，再来选中一侧嘴角翘起的表情模型，单击 MEL 插件主界面的 Geometry to mirror（镜像模型）后面的 "sel" 按钮，最后再单击 "MirrorBlendShape" 按钮，这时原始模型的另一侧会生成另一个表情模型，而这个表情模型是翘起另一侧嘴角的，如图 12-6 所示。

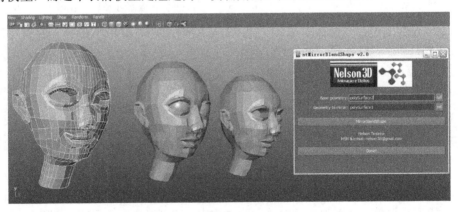

图 12-6

这个 MEL 插件的使用可以帮助我们节省几乎一半的工作量，而使用却如此简单，这就是 MEL 插件被普遍运用的原因。几乎每一个 Maya 制作人员的工具栏上，都或多或少有几个自己常用的 MEL 插件图标。

（5）使用同样的方法，将两个眨眼的表情也制作出来。其实如果认真观察会发现，眨眼一般是上眼皮落下来，而下眼皮基本保持不动，因此在制作的时候主要调整上眼皮运动的幅度，如图 12-7 所示。

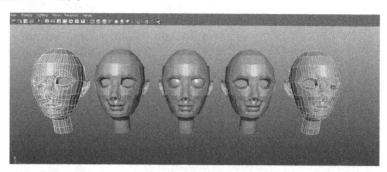

图 12-7

（6）接下来继续制作其他表情，实际上有一些表情是没有办法左右分开做的，例如张嘴等动作，这些表情可以单独作为一个模型来制作。

制作嘴部和眼睛部分的动作，除了按照表情以外，也可以按照说话的口形来制作。制作要求很高的动画，角色的表情模型可达四五十个之多，如果是一般的动画，20 个左右就完全够用了，如图 12-8 所示。

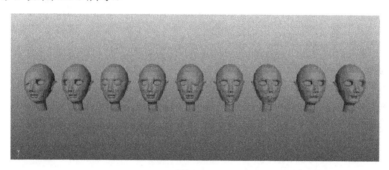

图 12-8

在调整表情的时候，可以对照着镜子，自己做出相应的表情和口形，对照着来调整。也可以找一些参考书籍，例如美国的马克·西门所著的《面部表情大全》就收录了很多不同的表情。

按照口形动画调整的读者，可以参考下面的口形对照表来进行制作，如图 12-9 所示。

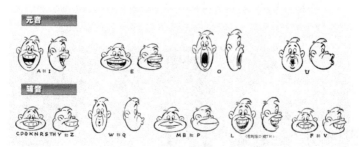

图 12-9

另外，表情的夸张也是动画的一部分，尤其是美式动画中表情的夸张非常强，这样往往能产生强烈的喜剧效果，如图 12-10 所示。

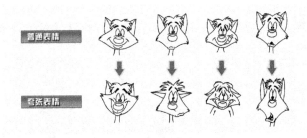

图 12-10

（7）表情模型制作完，就可以进行表情动画的设定了。在这之前，需要对所有的表情模型进行重命名，因为生成的表情就是按照模型的名字来命名的。

执行 Window→Outline 命令，打开大纲窗口，分别在大纲窗口中选中模型，并双击名称修改文件名。由于 Maya 不支持中文命名，所以需要使用数字和字母来命名，尽量使自己能够看懂就可以了。

选中所有的表情模型，再按 Shift 键，最后选中原始模型，在 Animation 模块下执行 Create Deformers→Blend Shape 命令，如图 12-11 所示。

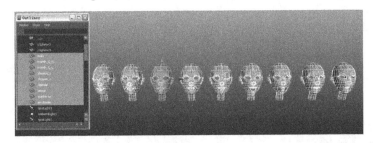

图 12-11

（8）执行 Window→Animation Editors→Blend Shape 命令，打开 Blend Shape 的控制面板，可以看到有各个表情的杠杆，随便拖动一个，原始模型即可做出该表情。

现在可以将那些表情模型全部删除，只留下原始模型。再对原始模型进行光滑处理，依然可以使用 Blend Shape 的控制面板调整各表情，但需要注意的是，此时不能再删除原始模型的历史记录，删除了历史记录，Blend Shape 的表情数据将会丢失。

现在可以同时调整多个杠杆，让角色在大笑的同时也可以挤眼睛，如图 12-12 所示。

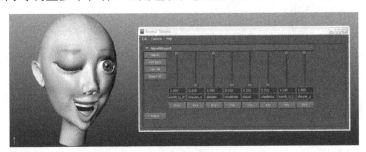

图 12-12

12.2 线控的使用

在上一节中学习了 Blend Shape 的使用，设定好以后对于基本的表情动画已经可以满足了，但是如果希望在这基础上再进行更细致的调整，就需要添加更多的控制，下面来看如何设定更加细致的表情。

本节的内容也只有一个命令，即 Wire Tool（线控工具），现在可以把隐藏着的牙齿、眼珠、材质等都显示出来，便于在细微调整的时候做参考。

（1）首先来设置嘴部的线控。执行 Create→Nurbs Primitives→Circle 命令，创建一个圆形的曲线，放置在角色嘴部的前面，并使用放缩工具，使它的形状和嘴部相吻合，如图 12-13 所示。

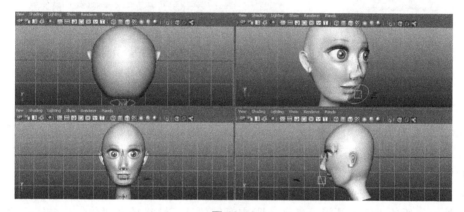

图 12-13

（2）在视图中的空白处单击一下鼠标，取消所有选择。在 Animation 模块下，执行 Create Deformers→Wire Tool 命令，使鼠标变成十字光标，先单击头部模型，选中以后按 Enter 键，再单击创建的圆形曲线，选中以后按 Enter 键。这时可以使用移动或放缩工具，对曲线进行调整，会看到模型发生相应的变化。进入曲线的点级别，对点的位置进行调整，模型也会进行相应的变化，这就是线控工具的作用，如图 12-14 所示。

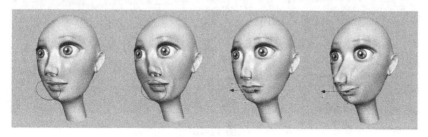

图 12-14

如果操作完毕发现调整曲线无法控制模型，或者控制的部位有问题，可以使用"Ctrl＋Z"组合键，回到线控操作以前，对曲线的位置进行调整，例如使曲线距离模型近一些，然后再进行线控的设置，直至正确为止。

（3）现在我们来对曲线的控制范围进行调整。选中模型，在 Animation 模块下，打开 Edit Deformers→Paint Wire Weights Tool（绘制线控权重工具）的命令设置面板，会发现模型变成了全白色，鼠标也变成了笔刷的显示方式。

模型的白色表明曲线所控制的范围，现在要用鼠标将那些不想被控制的区域刷成黑色。命令设置面板中 Radius 是控制笔刷半径的，Opacity 是控制笔刷强度的，而 Profile 是几种不同的笔刷类型，如图 12-15 所示。

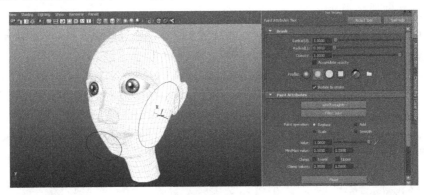

图 12-15

（4）在 Paint Wire Weights Tool（绘制线控权重工具）的命令设置面板中，将 Paint Operation 设置为 Replace（移除），在模型上进行涂抹会发现没有任何改变。再将 Value 值设置为 0，再涂抹就会看到模型相应的部分变黑了。如果再将 Value 值设置为 1，涂抹又会变白。

除了嘴部之外，其他部分全部涂抹为黑色。在涂抹细部的时候可以将笔刷设置得小一些，另外一些死角，例如耳根、鼻孔、眼皮等处要认真地涂抹为黑色。涂抹完，将 Paint Operation 设置为 Smooth（光滑），在黑白的交汇处涂抹，使控制范围的边缘变得柔和，如图 12-16 所示。

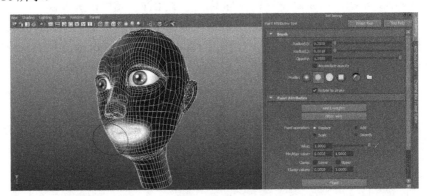

图 12-16

涂抹完毕，使用移动工具调整控制曲线的位置，看看设置得是否正确。如果有问题可再次选中模型，打开 Paint Wire Weights Tool（绘制线控权重工具）的命令设置面板，进行修改。

（5）使用同样的方法为鼻子添加线控，需要注意的是：如果一个模型上添加了多个线控，在绘制权重的时候，就需要在 Paint Wire Weights Tool（绘制线控权重工具）的命令设置面板中，选择绘制那条控制线的权重，如图 12-17 所示。

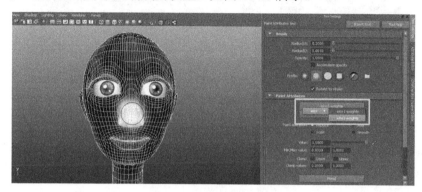

图 12-17

（6）后面可以根据自己的需要，添加其他的线控。添加的时候注意，不要一口气全部设置，应该一个一个来，确定添加的这条线控位置没有问题以后再绘制权重，否则容易出错。

我们在两边的腮部和眼部又添加了 4 个线控，一共 6 个线控，它们的权重关系如图 12-18 所示。

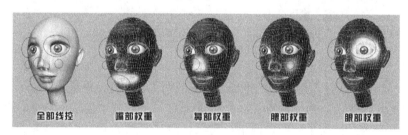

图 12-18

12.3　眼部细节的设定

在面部表情中，眼睛和嘴巴所占的比例是最大的，其中嘴巴已经通过了 Blend Shape 完成了口形的设定，并使用线控对细节进行调整，在一般的动画中已经足够使用了。

下面来设定一下对眼球的动画设置，以及眼球和头部模型的关系。

（1）首先来设定一下对眼珠转动的控制。执行 Create→Locator 命令，创建一个临时物体。这个 Locator 临时物体是不会被渲染出来的，在这里使用它作为眼珠转动的控制器。

将创建的这个 Locator 放置在左眼的前部，距离线控稍远一点，不要互相干扰。选中 Locator 和眼珠模型，执行 Modify→Freeze Transformations，将它们的所有数值清零，如图 12-19 所示。

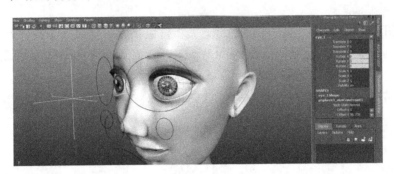

图 12-19

（2）选中 Locator，再按"Shift"键选中左眼眼球模型，在 Animation 模块下，打开 Constrain（约束）→Aim（目标点）的命令设置面板，勾选 Maintain Offset 选项，单击"Apply"按钮。现在选择 Locator 并移动，会发现眼球会跟着 Locator 进行转动了，如图 12-20 所示。

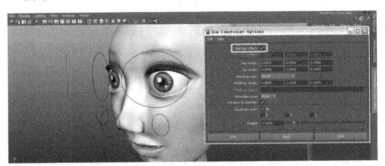

图 12-20

再新建一个 Locator，使用同样的方法，将另一个眼球模型和新建的 Locator 进行设置。

（3）现在可以找一面镜子，自己对着镜子观察眼睛，眼球向上的时候，会发现眼部周围的肌肉跟着向上移动了一些，向下、向左、向右都是如此，现在就来设定这部分的动画效果。这里要牵扯到一些函数的设定。

先来重新给场景中的各个物体命名，主要是眼部的线性控制器和两个 Locator 物体。名字可以随意设定，只要自己和合作伙伴能认出来就行。

实例中设置左眼的线性控制器名称为 eye_L_L，右眼的线性控制名称为 eye_R_L，左眼的 Locator 名称为 eye_L_Locator，右眼的 Locator 名称为 eye_R_Locator。

现在来执行 Window→Animation Editors→Expression Editor（函数编辑器）命令，打开 Expression Editor（函数编辑器）的主界面，在下方的 Expression 栏中输入函数：

eye_L_L.ty=eye_L_Locator.ty/20；

eye_L_L.tx=eye_L_Locator.tx/100；

注意后面的分号"；"一定不要省略，否则会出错。

这两行函数的意思就是左眼的线性控制器（eye_L_L）的 ty（Translate Y，即 Y 轴的位移值）数值，等于左眼的 Locator（eye_L_Locator）的 ty 除以 20 的数值。

左眼的线性控制器（eye_L_L）的 tx（Translate X，即 X 轴的位移值）数值，等于左眼的 Locator（eye_L_Locator）的 tx 除以 100 的数值。

　　然后单击"Create"按钮。再来选中 Locator 并移动，会发现眼部周围的肌肉会跟随眼珠的转动而发生轻微的改变了，如图 12-21 所示。

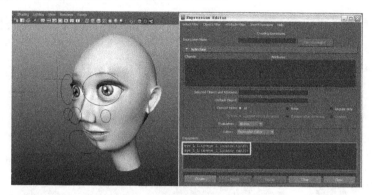

图 12-21

　　使用同样的方法设定右眼的控制，右眼的函数为：

eye_R_L.ty=eye_R_Locator.ty/20;

eye_R_L.tx=eye_R_Locator.tx/100;

　　只要能看明白函数的意思，读者也可以根据自己的模型情况自己来设定。但记得眼部周围肌肉的运动是很轻微的，所以才是眼球数值的 5%和 1%，设定完以后检查一下，记得不要让眼球转动的时候和头部模型发生穿帮现象。

　　（4）现在面部表情的设置已经基本完成了，剩下的就是根据剧本的需要，来调节表情和口形的动画了。

　　现在依然有两个问题，一个就是这么多控制器摆在场景中，在调节其他动画的时候容易造成混乱。这个问题较好解决，新建一个图层，将这些控制器都添加在图层中，不用的时候将图层隐藏就可以了。

　　另一个问题是：如果现在移动头部模型，会发现模型到别处了，而眼球模型和所有的控制器还在原地。现在就需要将眼球模型和控制器跟头部模型绑定在一起，一般情况下是在骨骼设定完毕以后，将这些绑定在骨骼上的，但是现在绑定也可以。

　　先选中左眼球模型，再选中头部模型，执行 Edit→Parent（父子物体约束）命令，或直接按键盘的"P"键，这样再来移动头部模型，会看到眼球也会跟着移动了。依次将另一侧的眼球、牙齿、Locator 控制器都绑定在头部模型上，如图 12-22 所示。

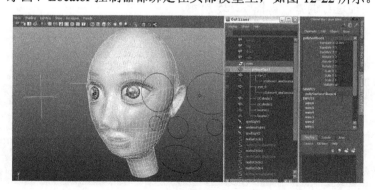

图 12-22

（5）线控暂时不绑定，因为如果线控随头部模型移动，模型会出现撕扯现象，如图 12-23 所示。

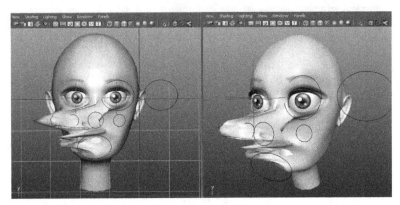

图 12-23

这是由于线控移动会使 Translate 的数值发生变化，从而导致所控制的模型区域也做出相应的变化。解决办法也很简单，新建一个摄像机，并重新命名为 Face，放在线控组的前面，使线控组正好在这个摄像机视图的正中间，如图 12-24 所示。

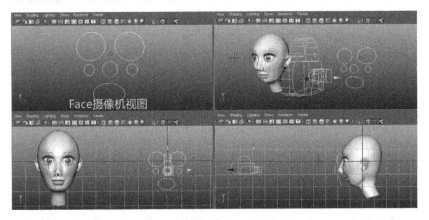

图 12-24

这样，再遇到需要调整面部表情细节的时候，只需要将任意一个视图切换到 Face 视图，就可以对线控进行调整，如图 12-25 所示。

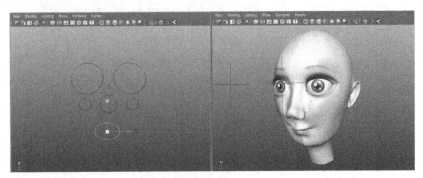

图 12-25

12.4 面部动画的调整

面部动画可以分为两种，即表情动画和口形动画。

表情动画的调整可以根据剧情的需要，配合 Blend Shape、线控等前面所讲到的内容来制作，技术难度并不大，只是对动画师把握表情动画的能力要求很高，这方面的书籍可以参考理查德·威廉姆斯的《原动画基础教程》。

口形动画要涉及和音频文件的配合，流程也稍复杂一些。通常的做法都是制作人员先简单地配置对话，并将音频文件保存为.wav 格式，再导入 Maya，边听边调整，输出动画以后再找专业的配音演员配音。当然，也可以先让专业的配音演员配好，然后在 Maya 中边听边调整。

在导入 Maya 之前，要对音频文件进行剪辑，最好一个镜头的配音单独保存一个文件，并把音量调至最高，这样可以保证在 Maya 中，音频文件的波峰能显示清楚。

处理音频文件的软件较多，例如 Goldwave 和 Adobe 公司的 Audition 等。

wav 格式的音频文件名字中不能有中文和数字，必须用字母来命名。另外保存的路径中也不能有中文。

下面看一下.wav 格式的音频文件是怎样运用在 Maya 中的。

现在要导入的是放置在桌面的一个名为"wish.wav"的音频文件。在 Maya 中执行 File→Import 命令，在 Maya 中导入。接着在时间轴上单击鼠标右键不要放手，在弹出的悬浮面板的 Sound 菜单中选中 wish，就会在时间轴上显示出声音的波峰，同时，在时间轴上拖动也可以听到声音。我们可以根据这些调整相应的口形动画，如图 12-26 所示。

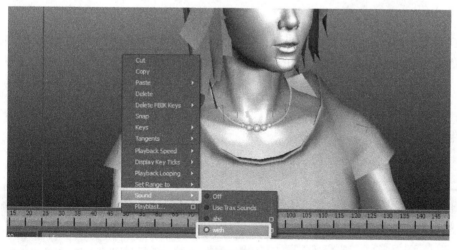

图 12-26

调整的时候一般是先在 Blend Shape 中打上关键帧，在 Graph Editor 中，左侧会显示出所有打过关键帧的表情，再逐一选中进行调整即可，如图 12-27 所示。

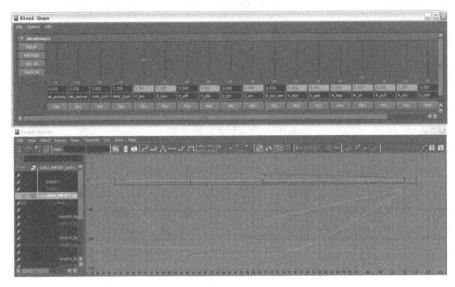

图 12-27

口形动画调整的时候，如何使动画效果真实可信，除了口形准确以外，对时间的细微把握也很重要。

由于光速大于声速，调节口形动画也一样，我们的眼睛会先看到嘴巴的运动，然后耳朵才能听见声音，虽然这之间的时间差极为微小，但观众却能感受得到。因此，口形动作要早于声音，一般情况下提前 1～2 帧就可以了。

本 章 小 结

这一章对 Maya 的面部表情系统做了较为详细的阐述，从这些阐述中也可以看出，Maya 的面部表情设定并不是很复杂，但是对人物面部表情要有较深刻的理解。

作 业

1．为一个角色创建基本口形。
2．使用线控的方式，为角色创建控制线。
3．使用前面制作过的角色模型，调节一段唱歌的口形动画，并在此基础上随着歌词的变化，添加各种表情效果。

第 13 章

骨骼系统

本章来学习怎样让一个角色做肢体运动。

肢体运动应该是角色动画中最重要的部分，同时也是最复杂的，它可以分为两个阶段，一个是角色绑定，另一个是调动画。

角色绑定阶段就是使用 Maya 中的骨骼系统，对模型进行绑定，并通过骨骼来控制模型。这项工作对制作者的逻辑关系能力要求较高，一般而言也分这样几个阶段。

（1）骨骼设定。就是把一个角色的骨架搭建起来，并设定好骨骼与骨骼之间的关系。

（2）蒙皮。即把搭建好的骨骼和角色模型进行绑定，可以使用骨骼来操纵模型。

（3）权重。将每一段骨骼控制模型的那一部分设定清楚。

其中最重要也是最复杂的就是骨骼设定阶段，说是复杂实际上是指工作量较大，以及对逻辑关系判定要求较高，仅就技术难度而言，所用到的命令有 10 个。

另一个调动画阶段技术难度不高，主要是靠制作人员对角色运动规律的把握的能力。

在角色绑定阶段，在 Maya 的骨骼系统中，最常用也是最重要的命令主要有两个，一个是 Joint Tool（骨骼工具），另一个是 IK Handle Tool（IK 手柄工具）。为了让读者能够在学习专业的角色绑定之前了解这两个命令的作用，先来做一个小练习。

（1）首先在场景中创建 3 个圆柱体，并对它们进行旋转和位移的操作，排列成如图 13-1 所示的样子。

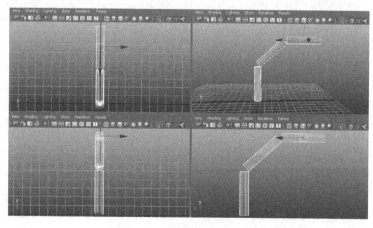

图 13-1

（2）在 Animation 模块下，执行 Skeleton→Joint Tool（骨骼工具）命令，在侧视图由下往上、由左往右，分别在 3 段骨骼的起始点、交接处和结束点单击 4 下，创建出 4 节骨骼，如图 13-2 所示。

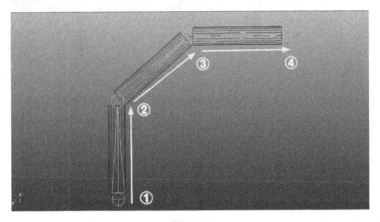

图 13-2

打开 Outline（大纲视图），展开 joint1 前面的加号，将所有的骨骼展示出来，会发现骨骼有 4 个，而场景中的骨骼只有 3 段。实际上大纲视图中所体现的只是骨骼结点，前 3 个结点分别对应 3 段骨骼，而其中最后一个结点用处不是很大，这 4 个骨骼结点分别对应场景中的骨骼结点，如图 13-3 所示。

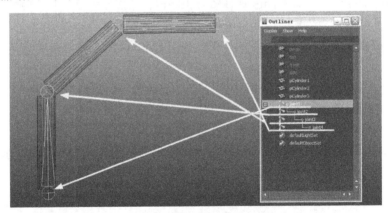

图 13-3

骨骼之间有严格的层级关系，即先创建的控制后创建的骨骼，依次向后。例如选择最先创建出来的 joint1，会发现后 3 段骨骼也都被选中；而选择 joint2，则 joint3 和 joint4 都会被选中，joint1 则不会被选中；而选中最后创建的 joint4 时，则没有其他骨骼被选中。

（3）下面来看一下怎样使骨骼对模型进行简单的绑定。这一步所有的操作都在大纲视图中完成。

选中第一个圆柱体，也就是大纲视图中显示的 pCylinder1，使用鼠标中键，将它拖动到 joint1 上面，这样 pCylinder1 就会成为 joint1 的子物体，并受其控制。同样，将 pCylinder2 和 pCylinder3 分别拖动到 joint2 和 joint3 上。这样，在视图中选中骨骼并操作，会看到模型已经被骨骼所控制了，如图 13-4 所示。

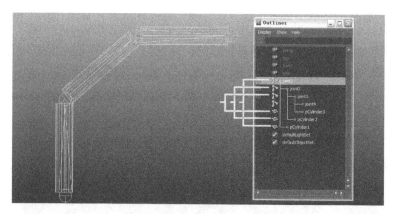

图 13-4

（4）虽然进行了绑定，但模型的动作依然很难调节。再来执行 Skeleton→IK Handle Tool（IK 手柄工具）命令，先在 joint1 处单击一下，再在 joint4 处单击一下，会看到两节骨骼之间出现一条连接线，另外 joint4 中出现了一个手柄。选中手柄进行移动，会看到模型开始扭动起来了，如图 13-5 所示。

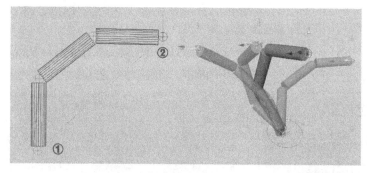

图 13-5

IK Handle Tool（IK 手柄工具）的作用就是在两段骨骼之间创建一条连接线，这条连接线像橡皮筋一样，随着两端骨骼之间距离的变化而变长或变短，从而控制两段骨骼和它们之间的骨骼运动。

这两个命令理解了，相当于骨骼动画理解了一大半了。接下来学习专业的骨骼系统。

▶ 13.1 角色骨骼搭建

在设定角色骨骼系统的时候，几乎每一个动画制作人或团队的习惯都不一样，每个公司对每个环节都有一套针对性很强的规定。大到骨骼的装配位置，小到每个骨骼的命名都有较大区别。

（1）创建骨骼之前需要对模型进行处理。由于衣服也要和身体绑定在一起，所以要先选中衣服和身体的模型，执行 Mesh→Combine 命令，将它们合并在一起。

由于模型比较复杂，为了避免创建骨骼的时候发生误选，再将模型添加到图层中，并把图层的模式改为"T"，使模型处于灰色不被选择状态，如图 13-6 所示。

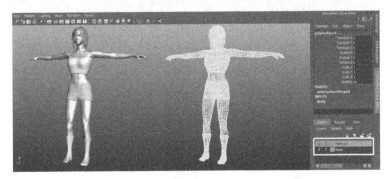

图 13-6

（2）在 Animation 模块下，打开 Skeleton→Joint Tool（骨骼工具）的命令设置面板，修改 Orientation 为 None，然后在侧视图中，由下往上，分别在胯部、腰部、肋部、胸部、腋部、肩部、下巴、头顶单击，创建出骨骼，然后按 Y 键重复创建骨骼，先单击下巴的骨骼，再向嘴部单击，再创建出一段骨骼。

如果骨骼在视图中显示得过大或过小，可执行 Display（显示）→Animation（动画）→Joint Size（骨骼尺寸）命令，调整数值即可，如图 13-7 所示。

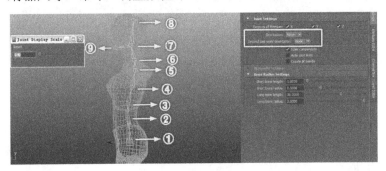

图 13-7

如果现在发现某一段骨骼的位置不太准确，想对它的位置进行调整，会发现子骨骼也会跟着进行移动，如图 13-8 所示。

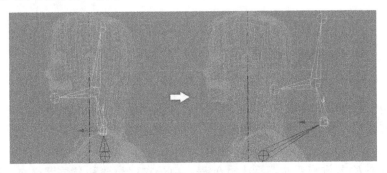

图 13-8

　　正确的移动方法应该是：选中希望移动的骨骼点，按键盘的"Insert"键，这时移动控制器的显示会发生变化，三个轴向上的箭头都消失了，这时再对骨骼进行移动，子骨骼就不会跟着移动了，调整完毕以后再按"Insert"键，使移动控制器显示正常，如图 13-9所示。

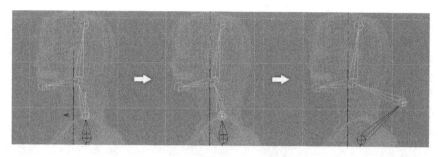

图 13-9

　　（3）在顶视图中，创建手臂部分骨骼。由左向右，分别在肩膀、肘关节和手腕部分各单击两次，共创建出 6 个骨骼结点。在顶视图调整位置以后，再进入前视图并调整骨骼位置，如图 13-10 所示。

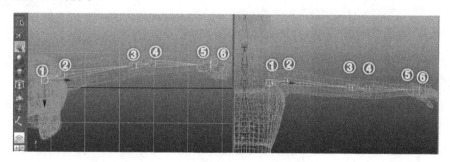

图 13-10

　　（4）接着来创建 5 根手指的骨骼。由于手部结构复杂一些，为了避免出现混乱，可再次执行 Display（显示）→Animation（动画）→Joint Size（骨骼尺寸）命令，将骨骼的显示尺寸变小。

　　另外，手指并不在一条水平线上，所以需要在顶视图和前视图中切换进行调整。首先创建大拇指的骨骼，在手腕处开始，分别在大拇指的根部、关节部、指尖部单击，然后再在两个视图中调整位置，如图 13-11 所示。

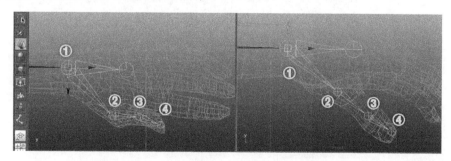

图 13-11

（5）继续创建食指的骨骼。由于其他 4 根手指都比大拇指多出一个关节，因此它们的骨骼数也要多一段。

这次从手掌部开始，分别在食指根部、第一关节处、第二关节处、指尖处单击，然后再在其他视图中进行位置的调整，如图 13-12 所示。

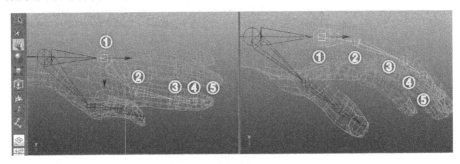

图 13-12

（6）使用同样的方法，将 5 根手指的骨骼全部创建并调整好，如图 13-13 所示。

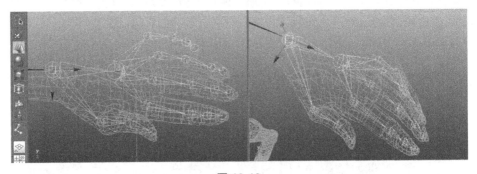

图 13-13

（7）执行 Skeleton→IK Handle Tool（IK 手柄工具）命令，在肩膀部单击一次，再在手腕处单击一次，完成胳膊骨骼的 IK 手柄创建，并进行测试。

如果 IK 手柄显示过大，可执行 Display（显示）→Animation（动画）→ IK Handle Size（IK 手柄尺寸）命令，调整它的大小，如图 13-14 所示。

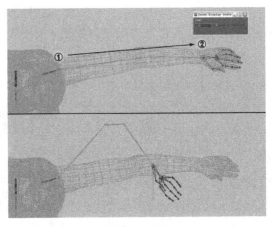

图 13-14

（8）下面将手臂骨骼与身体骨骼连接在一起。先选中手臂的根骨骼，再按 Shift 键选中身体部分与手臂相对应的骨骼结点，按"P"键，使手臂骨骼成为了它的子骨骼，如图 13-15 所示。

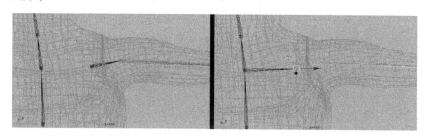

图 13-15

（9）另一条手臂的骨骼可以使用镜像骨骼命令制作出来。选中手臂的根骨骼，需要注意的是，和身体连接的那一段骨骼不要选中。打开 Skeleton→Mirror Joint（镜像骨骼）的命令设置面板，选择好正确的镜像轴，单击"Apply"按钮。

有可能镜像出来以后的位置稍稍有点问题，使用旋转工具调整好位置，再将 IK 手柄创建出来，如图 13-16 所示。

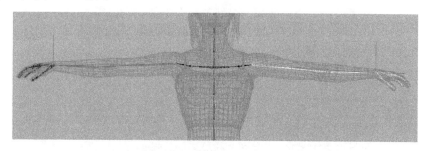

图 13-16

（10）现在创建腿部的骨骼。先不要和身体骨骼进行连接，在侧视图中，由上向下，分别在大腿根部两次、膝关节处两次、脚踝、脚跟、脚面、脚尖处单击。在前视图中也先不要调整位置，等腿部全都设置完成以后再进行调整，如图 13-17 所示。

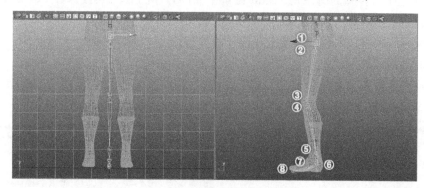

图 13-17

（11）使用 IK 手柄工具，分别在大腿处和脚踝处单击，创建出腿部的 IK 手柄，如图 13-18 所示。

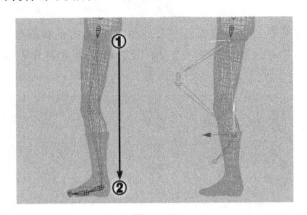

图 13-18

（12）接下来设定腿部的反转脚，这一步较为复杂，可以根据下面的图示进行操作。

在侧视图中，使用骨骼工具，先在脚部的右下方单击，创建新的骨骼。然后单击顶部菜单栏的捕捉点按钮，打开点捕捉，再依次在创建好的腿部骨骼的脚尖、脚面和脚跟处单击，创建出反转脚骨骼，最后再取消点捕捉，把反转脚骨骼整体向下移动一点，如图 13-19 所示。

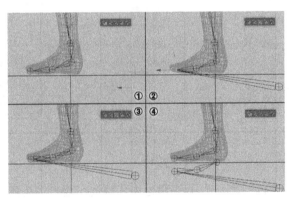

图 13-19

（13）先选中反转脚的脚跟，按 Shift 键选中腿部骨骼的 IK 手柄，执行 Constrain→Point（点约束）命令，将 IK 手柄约束在反转脚的脚跟处。

选中反转脚的脚面骨骼，再选中腿部骨骼的脚跟，执行 Constrain→Orient（方向约束）命令，使两段骨骼的方向统一。

选中反转脚的脚尖骨骼，再选中腿部骨骼的脚面，同样执行 Constrain→Orient（方向约束）命令，如图 13-20 所示。

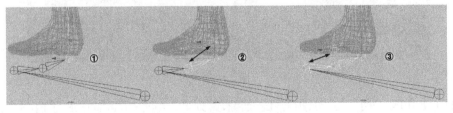

图 13-20

（14）选中反转脚的根骨骼，将整个反转脚向上提，会看到腿部骨骼已经基本被反转脚所控制。反转脚在整个骨骼中可以起到一个"地面"的作用，即脚部到反转脚的位置就不再继续往下落了，膝盖也会自然弯曲，如图 13-21 所示。

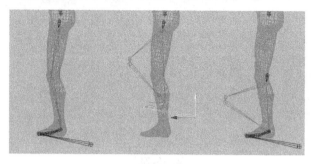

图 13-21

（15）打开大纲视图，在大纲视图中选中腿部骨骼、反转脚骨骼和腿部骨骼的 IK，在前视图中将它们移动到腿部的位置，如图 13-22 所示。

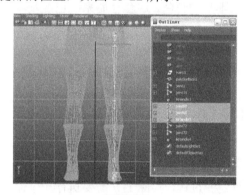

图 13-22

（16）由于腿部骨骼设置较复杂，而且还有独立的反转脚骨骼，因此不能直接使用 Mirror Joint（镜像骨骼）复制出另一侧的腿部骨骼。这里使用复制选项里面的 Duplicate input graph（复制所有连接结点）的属性进行复制。

保持腿部骨骼及其 IK，还有反转脚骨骼的选择，打开 Edit→Duplicate Special 的命令设置面板，勾选"Duplicate input graph"，单击"Apply"按钮，并将复制出来的所有腿部骨骼移动到另一条腿的位置，如图 13-23 所示。

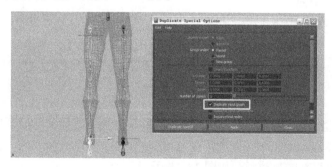

图 13-23

（17）选中一侧腿部的根骨骼，再选中身体的根骨骼，按"P"键连接，另一侧腿部也使用相同方法。这样，一套完整的骨骼系统就创建完毕了，如图 13-24 所示。

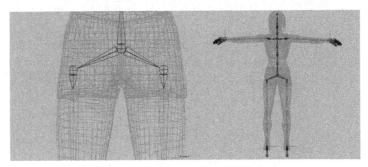

图 13-24

本节所演示的骨骼仅仅只是基础，接下来要为这套骨骼系统添加更多的控制器，其中要涉及大量的函数，这也是专业动画公司的设置方法。

如果是制作对动画要求不高的角色，这套骨骼系统已经基本够用了，可以直接跳到蒙皮部分继续学习。

ⅢⅢ 13.2 蒙皮和权重

先来大致解释一下这两个概念。

蒙皮：即模型和骨骼绑定的过程，实际上只需要执行一下命令即可，至于绑定效果的好坏，则由前期骨骼的架构和后期权重的调节来决定。

权重：实际上就是调整骨骼和模型绑定效果的过程，即调整每一段骨骼控制模型的范围。

在 Maya 中，蒙皮分为 Smooth Bind（光滑蒙皮）和 Rigid Bind（刚性蒙皮）两种，其相应的权重调整也各有不同。

Smooth Bind（光滑蒙皮）的优点是可以调节得非常细，能够做出很细致的效果，但缺点是调整起来很费时间。

Rigid Bind（刚性蒙皮）和 Smooth Bind（光滑蒙皮）正好相反，但是调整速度很快。

两者各有优缺点，但是一般的专业动画公司都是采用 Smooth Bind（光滑蒙皮）来进行模型绑定。下面来具体看一下它们的操作过程。

先来看看 Smooth Bind（光滑蒙皮）。

（1）选中模型，再按 Shift 键选中身体骨骼的根骨骼（选择的前后顺序不影响绑定效果），执行 Skin→Smooth Bind（光滑蒙皮），这时骨骼会变得五颜六色。再来移动一下骨骼，会看到模型会跟着一起动了，如图 13-25 所示。

图 13-25

（2）绑定是一个让人激动的过程，看着自己亲手做的角色动起来，是每一个动画人都兴奋的事情。但是在调整骨骼让模型运动、看到做某些动作的时候，模型的一些地方可能会出现"撕扯"现象，这就需要用权重来进行调整，如图 13-26 所示。

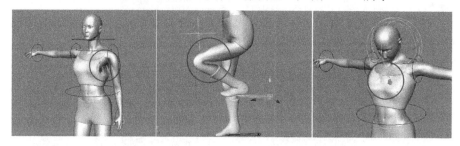

图 13-26

（3）选中模型，打开 Skin→Edit Smooth Bind（编辑光滑蒙皮）→Paint Skin Weights Tool（绘制蒙皮权重工具）的命令设置面板，其中 Radius 是画笔的半径值，Opacity 是画笔的强度值。

Transform 中是每节骨骼的名称，选中某节骨骼，模型上会显示该骨骼的控制范围，白色是被控制部分，黑色则是不被控制的部分。由于我们没有特意去对骨骼命名，所以不能够直接找到相应部位的骨骼，这时就看出对骨骼命名的重要性了，因此，正规的动画公司对骨骼的命名都有专门的规定。

Paint Operation 中，Replace 是绘制不被选择的范围，Add 是绘制被选择的范围，Smooth 则是对选择边缘进行柔和处理，但是在调整的时候要注意下面的 Value 值，值为 0 则绘制出来的是黑色，值为 1 则为白色，如图 13-27 所示。

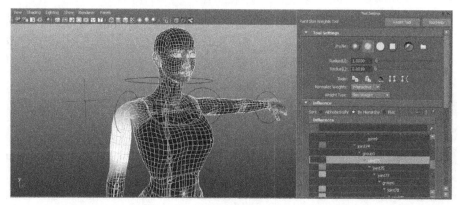

图 13-27

（4）以手臂部分的权重调节为例。将手臂放下来，会看到腋部出现较大的"拉扯"。打开绘制权重的命令设置面板，分别选中肩部和手臂根骨骼查看，发现这两节骨骼的控制范围都含有腋部，而这一块并不应该属于它们来控制，如图 13-28 所示。

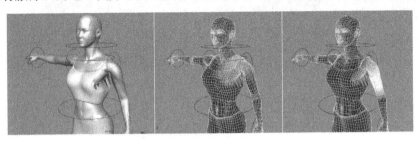

图 13-28

（5）使用绘制权重工具，分别选择肩部和手臂根骨骼，将它们控制的腋部模型涂为黑色，这样，腋部的拉扯就解决了，如图 13-29 所示。

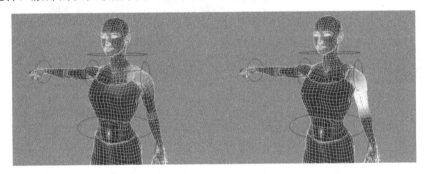

图 13-29

（6）调整完每一个骨骼以后，可以执行 Skin→Go to Bind Pose（返回绑定姿势）命令，将骨骼重新调整至刚刚绑定的姿势，然后再调整另一处骨骼权重。

在 Edit Smooth Bind（编辑光滑蒙皮）菜单中，Mirror Skin Weights（镜像蒙皮权重）是可以将模型的权重进行镜像的命令，这样就可以调整完一侧的权重，执行此命令，可以把这一侧的权重镜像到另一侧去，但实际使用起来效果并不是太好，如果模型建得不标准，经常会出现一些问题，如图 13-30 所示。

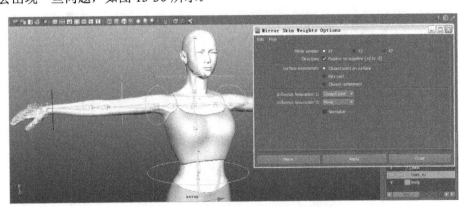

图 13-30

另外一个 Smooth Skin Weights（光滑蒙皮权重）命令，可以将权重的边缘进行羽化处理，也较为常用。

实际上，Smooth Bind（光滑蒙皮）的权重绘制过程就是这样，一节节骨骼慢慢绘制出来，所以也有人形象地称这一过程为"体力活"，它所要掌握的命令不多，但是绘制起来占用时间。由于它可以调整得非常细腻，所以基本上所有正规的动画公司都会选用 Smooth Bind（光滑蒙皮）来进行绑定。

接下再来看看 Rigid Bind（刚性蒙皮）。

（1）选中模型，再按"Shift"键选中身体骨骼的根骨骼，执行 Skin→Rigid Bind（刚性蒙皮），再来调整一下模型，可以看到撕扯也很严重，如图 13-31 所示。

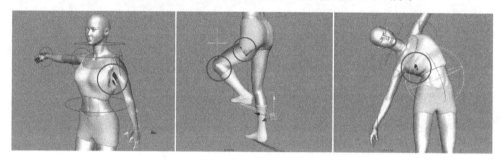

图 13-31

（2）Rigid Bind（刚性蒙皮）的权重调整工具是在 Edit Deformers 菜单下的 Edit Membership Tool。执行此命令，在视图中单击任意一节骨骼，这节骨骼在模型上所控制的点就会以黄色高亮模式显示出来，如图 13-32 所示。

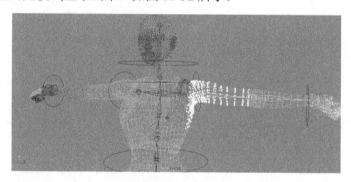

图 13-32

（3）Rigid Bind（刚性蒙皮）的权重调整很简单，按"Shift"键是添加控制点，按"Ctrl"键是取消选择的控制点。

一般的调整都只用"Shift"键来将不需要的控制点添加给其他骨骼。"Ctrl"键一般不要使用，因为取消的点如果不分配给其他骨骼，这些控制点不受任何骨骼的控制，一旦移动骨骼，这些点都会停在原地不动，如图 13-33 所示。

（4）执行 Edit Deformers→Edit Membership Tool 命令，选中胸部骨骼，按"Shift"键横向框选，将两侧的被手臂骨骼控制的点加入进来，再移动手臂，会看到"撕扯"已经没有了，如图 13-34 所示。

图 13-33

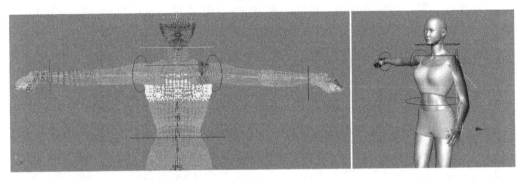

图 13-34

（5）由于刚性蒙皮只是控制模型的点，因此不能柔和地控制区域的边缘，在转折的时候容易出现较大的"撕扯"现象。

选择关节部的骨骼，执行 Skin→Edit Rigid Bind（编辑刚性蒙皮）→Create Flexor（创建屈肌）命令，在弹出的命令面板中按"Create"键创建屈肌，再对模型进行调整，会看到关节部位的转折有所改善，如图 13-35 所示。

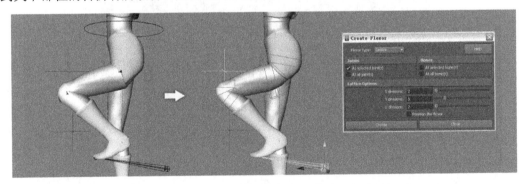

图 13-35

调整每一节骨骼的控制点，并在关节处创建屈肌，这样就可以完成对 Rigid Bind（刚性蒙皮）权重的调整工作。

Rigid Bind（刚性蒙皮）的调整只是对控制点进行设置，不像 Smooth Bind（光滑蒙皮）那样还要考虑控制范围的羽化，因此在权重上面的工作量小了很多，但它调整出来的效果就不如 Smooth Bind（光滑蒙皮）那么细腻了。

了解这两种蒙皮方式的特点以后，就可以针对不同的模型分别使用。

13.3　骨骼插件 TSM2

TSM2 全称为 The Setup Machine 2，是 Anzovin 工作室出品的一款 Maya 角色骨骼插件。如果想要得到更多的资料，可以登录 Anzovin 工作室的主页 http://www.anzovin.com/，下载相关的教程和该插件的试用版。

这是一款非常方便的插件，可以快速创建一套骨骼系统，并且调节方便，使之匹配模型。接下来学习它的使用方法。

由于在本书编写过程中，该插件还没有发布 Maya 2011 所使用的版本，因此该小节以 Maya 2008 为平台进行编写。无论是哪个版本，使用方法都是一样的。

首先看一下如何在 Maya 中安装 TSM2。

（1）将 TSM2 直接安装到 Maya 的安装目录下，如图 13-36 所示。

（2）打开 Maya，执行 Window→Setting&Preferences→Plug-in Manager 命令，打开插件管理器，勾选 TSM2 后面的 Loaded，如图 13-37 所示。

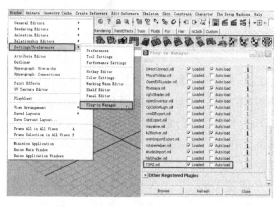

图 13-36　　　　　　　　　　　　　　　　　　图 13-37

（3）在 Maya 的菜单栏会出现 The Setup Machine 的菜单，单击可以展开相关的命令，如图 13-38 所示。

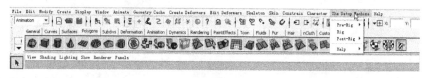

图 13-38

13.3.1　两足骨骼设置

（1）打开 13-3-guy_mesh.ma 文件，这是一个简单的人体模型，接下来用它来完成 TSM2 插件的演示。该模型由 Anzovin 工作室提供。

　　单击菜单中 The Setup Machine→Pre-rig→Build Biped 命令后面的小图标，打开其属性设置面板。该属性设置面板较为简单，共有 5 个选项，从上到下依次是 Fingers（手指）、Thumbs（拇指）、Toes（脚趾）、Tail（尾巴）和 Segments（尾巴片段数）。

　　由于是设置双足人物骨骼，因此设置 Fingers（手指）、数量为 4，勾选 Thumbs（拇指），由于该模型没有做脚趾，因此 Toes（脚趾）数量为 0。

　　按下 Build 键创建，这时需要计算几秒钟，然后在场景中会出现一套简易的临时骨骼系统，如图 13-39 所示。

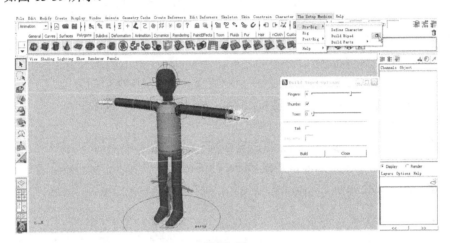

图 13-39

　　（2）选中参考骨骼最下面的大圆形线，这样可以选中这套临时骨骼系统，按下 R 键，切换到放缩工具，将这套骨骼等比例缩小，以匹配角色模型，如图 13-40 所示。

　　（3）接下来就要分级别逐个调整临时骨骼系统，使它与模型相匹配。该临时骨骼系统是镜像的，在左侧的调整会直接反映在右边，所以只需要调节一侧的脚，另外一侧也会自动调整到位。

　　先来调整脚部，单击脚步周围的控制线，使用放缩工具和移动工具进行调整，使模型和临时骨骼大小、位置都一致，如图 13-41 所示。

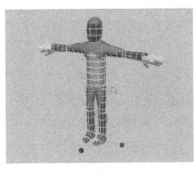

图 13-40

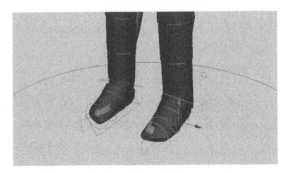

图 13-41

　　放缩的时候一定要等比例进行放缩，否则容易出现错误。

　　（4）继续调整膝盖部位的控制线，注意膝盖部位前面的箭头，一定要使它指向前方，否则膝盖弯曲时会产生错误，如图 13-42 所示。

（5）调整大腿根部的控制线，该处的调整会影响到膝盖，因此调整完再确认膝盖部位前面的箭头要指向前方，如图 13-43 所示。

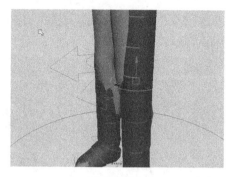
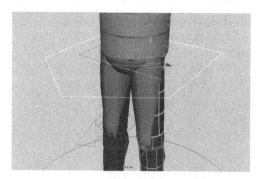

图 13-42   图 13-43

（6）上下调整肩部的控制线的位置，使手臂的模型与骨骼对齐，如图 13-44 所示。

（7）选中手臂根部的控制线，使用旋转工具，将整条手臂向下旋转，使各部位对齐，如图 13-45 所示。

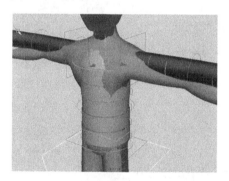
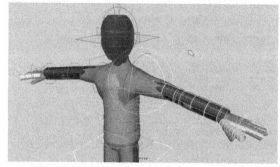

图 13-44   图 13-45

（8）逐个调整手指部分，切记要等比例缩放，否则在后面的绑定中会出现错误，如图 13-46 所示。

（9）调整头部，如图 13-47 所示。

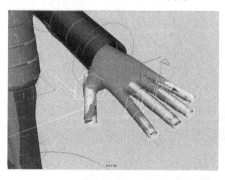
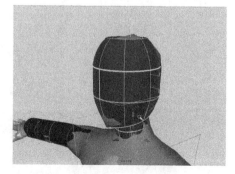

图 13-46   图 13-47

（10）选中模型，执行菜单中的 Setup Machine→Pre-Rig→Define Character 命令，如图 13-48 所示。

（11）再执行菜单中的 Setup Machine→Rig 命令，TSM2 会计算权重，并在几秒钟内将骨骼搭配好，同时删除临时骨骼系统，如图 13-49 所示。

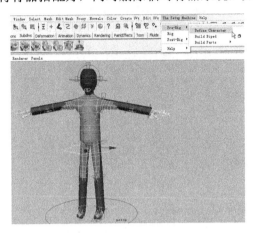

图 13-48

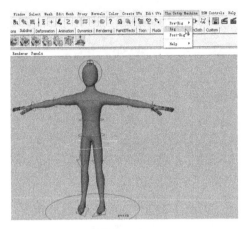

图 13-49

这样，角色的骨骼就装配好了。检查一下运动的时候是否会出现"撕扯"现象，如果有，可以使用 Maya 自带的绘制权重工具进行进一步的处理。

最终源文件参见 13-3-guy_rigged.ma 文件，读者可以打开进行查看。

13.3.2　四足骨骼设置

（1）打开 13-3-wolf_mesh.ma 文件，这是一个狼的模型，接下来将使用它完成 TSM2 插件的演示。该模型由 Anzovin 工作室提供。

设置四足甚至多足动物的骨骼，需要一个部位一个部位地去设置。

单击菜单中 The Setup Machine→Pre-rig→Build Parts→Spine 命令，在场景中只出现身体部分的临时骨骼，如图 13-50 所示。

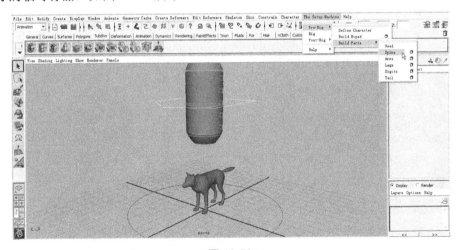

图 13-50

（2）将身体部分的临时骨骼旋转，并逐个放缩，使它与狼的身体保持一致，如图 13-51

所示。

（3）再执行菜单中的 The Setup Machine→Pre-rig→Build Parts→Legs 命令，在场景中生成两条腿的临时骨骼，如图 13-52 所示。

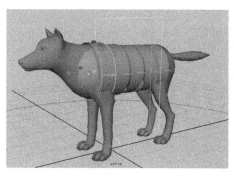

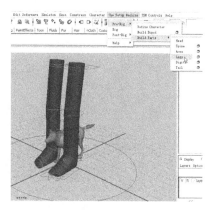

图 13-51   图 13-52

（4）将腿部的参考骨骼缩小，放在狼后腿的位置，如图 13-53 所示。

（5）逐一对骨骼进行调整，使模型和骨骼相匹配，如图 13-54 所示。

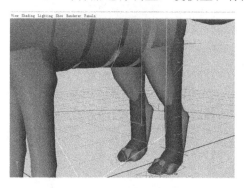

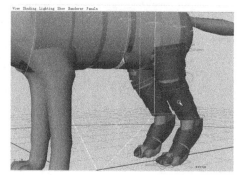

图 13-53   图 13-54

（6）执行菜单中的 The Setup Machine→Pre-rig→Build Parts→Legs 命令，再在场景中生成两条腿的临时骨骼，并放置在狼的前腿位置，调整使之匹配，如图 13-55 所示。

（7）执行菜单中的 The Setup Machine→Pre-rig→Build Parts→Head 命令，生成头部的临时骨骼，调整和狼头匹配，如图 13-56 所示。

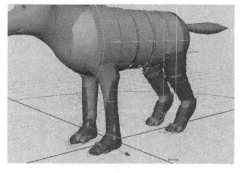

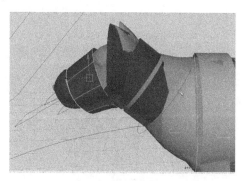

图 13-55   图 13-56

（8）单击菜单中的 The Setup Machine→Pre-rig→Build Parts→Tail 命令后面的小图标，打开其属性设置面板，将 Segments 的值修改为 2，按 Build 键生成尾巴的临时骨骼，如图 13-57 所示。

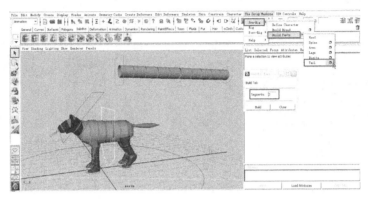

图 13-57

（9）将尾巴的临时骨骼与模型匹配，这样整只狼的临时骨骼系统就架设好了，如图 13-58 所示。

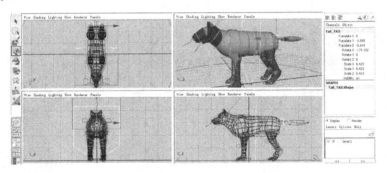

图 13-58

（10）选中狼的模型，执行菜单中的 Setup Machine→Pre-Rig→Define Character 命令，如图 13-59 所示。

（11）再执行菜单中的 Setup Machine→Rig 命令，等几秒钟以后，狼的骨骼就搭配好了，如图 13-60 所示。

图 13-59

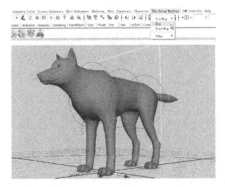

图 13-60

绑定好的源文件参见 13-3-wolf_rigged.ma。

本 章 小 结

骨骼系统的设定对于美术专业的学生而言是一件很困难的事情，毕竟这是一项对逻辑判定要求很高的工作。但是如果想做出优秀的角色动画，这一步是无论如何也跳不过去的，因此，除了耐心学习，没有其他的捷径可以走。

作 业

1．耐心地为自己的角色创建出一套完整的骨骼系统。

2．调整一个完整的走路循环动作，要求动作流畅、真实（实际上动作想要调整得很流畅并不是一件容易的事情，大多数学生仅一个简单的走路动作就需要练习 1～3 个月，所以耐心是最重要的）。

3．制作一个角色走到一个重箱子面前，搬起它，然后放下的动画（这是一道动画公司的面试题）。

第 **14** 章

Mental Ray 渲染器

对于 Mental Ray，几乎每个 Maya 的资深制作人员都会毫不吝啬地把赞扬的话送给它，这个诞生于德国的渲染器最早是镶嵌在 SoftImage 软件中的，Maya 在升级到 5.0 的时候将它收入了进来，从此 Maya 进入了一个崭新的发展时代。

对于每一个从事三维行业的人员来说，制作照片级别的作品始终是一个追求目标，而 Mental Ray 的强项就是真实模拟现实世界中的光影、质感等，如图 14-1、图 14-2 所示。

图 14-1

图 14-2

⮕ 14.1　Mental Ray 渲染器简介

14.1.1　Mental Ray 的发展历史和特点

Mental Ray 是早期出现的两个重量级的渲染器之一（另外一个是 Renderman），为德国 Mental Images 公司的产品。在刚推出的时候，集成在著名的 3D 动画软件 Softimage-3D 中，作为其内置的渲染引擎。正是凭借着 Mental Ray 速度和质量，Softimage-3D 一直在好莱坞电影制作中作为首选的软件。

相对于另外一个高质量的渲染器 Renderman 来说，Mental Ray 的渲染效果几乎不相上下，而且其操作比 Renderman 简单得多，效率也非常高。因为 Renderman 渲染系统需要使用编程的技术来渲染场景，而 Mental Ray 只需要在程序中设定好参数，然后"智能"地对需要渲染的场景自动计算，所以 Mental Ray 有了一个别名——"智能"渲染器。

利用这一渲染器，可以实现反射、折射、焦散、全局光照明等其他渲染器很难实现的效果。全动画科教节目《与恐龙同行》就是用 Mental Ray 渲染的，它逼真地再现了那些神话般的远古生物。

Mental Ray 的全局照明效果非常优秀，即在一个场景里面，只打一盏灯光，也可以渲染出极为柔和的光线效果，如图 14-3、图 14-4、图 14-5 所示。

图 14-3

图 14-4

图 14-5

到目前为止，Mental ray 发展得已非常成熟，它为许多电影成功实现了视觉特效，其庞大的用户群体和广泛的技术支持，是远非 Final Render 和 Barzil 这一类渲染新贵可比的。近几年推出的几部特效大片《绿巨人》、《终结者 2》、《黑客帝国 2》等都可以看到它的影子。

Mental Ray 的光线追踪算法优化得非常好。即使不使用它的新功能也可以用来代替 Maya 默认的渲染器。在渲染大量反射、折射物体的场景，速度要比默认渲染器快 30%。它在置换贴图和运动模糊的运算速度也远远快于默认渲染器，而这些恰恰是 Maya 的弱点。

Mental Ray 适合表现金属、玻璃等折射强的物体，另外对人物皮肤的 3S 效果的表现也很强大，如图 14-6、图 14-7 所示。

图 14-6

图 14-7

除了这些，在一些 Q 版形象和道具中的表现也同样优秀，如图 14-8、图 14-9 所示。

图 14-8

图 14-9

14.1.2 Mental Ray 和 Maya

Maya 升级到 5.0 的时候，渲染器由原来的 Software 和 Hardware，升级到了 Mental Ray 和矢量渲染器 Vector。使用 Mental Ray 渲染器的时候需要将 Render Settings（渲染设置）面板打开，在最上面的 Render Using 中选择 Mental Ray 渲染器，并进入 Mental Ray 渲染器的设置面板进行调整，如图 14-10 所示。

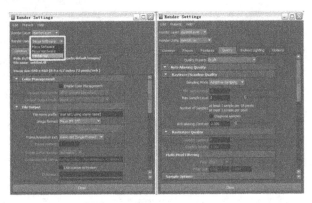
图 14-10

如果在渲染设置面板中找不到 Mental Ray 渲染器，可以执行 Window→Settings/Preferences→Plug-in Manager（插件管理器）命令，勾选 Mayatomr.mll 后面的 Loaded 和 Auto load 即可，如图 14-11 所示。

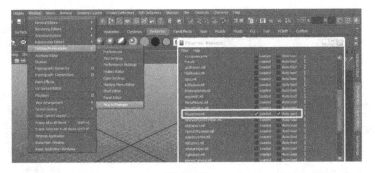
图 14-11

　　除此之外，在 Hypershade 窗口中，还有专门的 Mental Ray 材质可以直接使用，如图 14-12 所示。

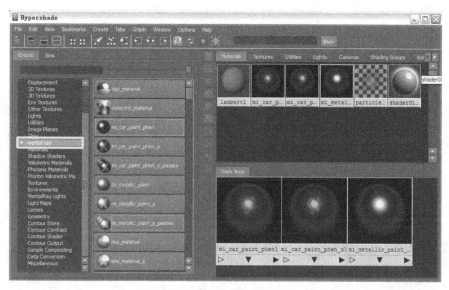

图 14-12

　　在每一个模型、灯光、材质的属性设置面板中，都有 Mental Ray 的设置项，便于对每一个物体进行调整，这些设置也使 Mental Ray 能够经过简单设置，就可以渲染出照片级别的效果，如图 14-13 所示。

图 14-13

接下来将对 Mental Ray 渲染器的各种优秀效果进行阐述。

14.2　无灯照明技术

　　所谓无灯照明并不是绝对意义上的没有任何灯光，它是指不用对灯光进行过多的调整，只对渲染器进行设置就可以做出非常优秀的光照效果。有时候可以完全不用灯光来照明，就可以制作出很柔和的光线。

所谓素模，就是没有添加任何材质的纯粹的模型。Maya 升级以后，Mental Ray 也随之升级，并添加了一个素模照明效果，而且非常简单。

（1）打开 14-2-horse.mb 文件，场景中只有一匹马的模型及模型下面的底座，直接渲染出来的效果很一般，如图 14-14 所示。

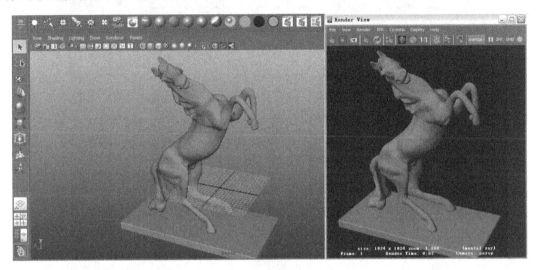

图 14-14

（2）打开渲染设置面板，选择 Mental Ray 渲染器，单击渲染，发现 Mental Ray 渲染出来的效果并没有什么改善，如图 14-15 所示。

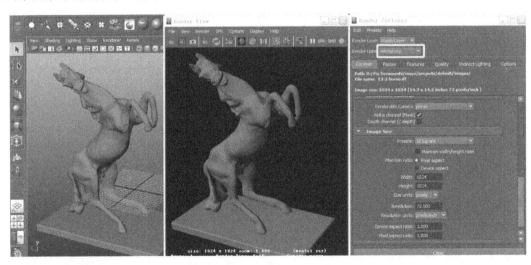

图 14-15

（3）进入到 Mental Ray 的渲染设置面板中的 Indirect Lighting 面板，展开最上方的 Environment 卷轴栏，单击 Physical Sun and Sky 后面的"Create"按钮，再执行渲染，会发现素模的效果已经出来了，如图 14-16 所示。

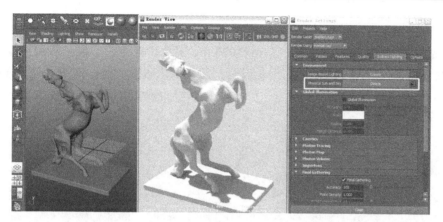

图 14-16

（4）如果希望再进行一些细致调整，可以展开 Physical Sun and Sky 后面的小三角按钮，进入到它的照明设置面板中进行设置，并单击 Sun 属性后面的小三角按钮即可对照明的颜色进行调整，如图 14-17 所示。

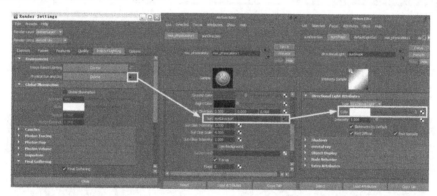

图 14-17

（5）再来看另外一种制作素模的方法。依然是在 Mental Ray 的渲染设置面板，单击 Physical Sun and Sky 后面的"Delete"按钮关闭它的照明，再单击它上面的 Image Based Lighting 后面的"Create"按钮，场景中出现了一个巨大的球体，包裹住了模型，但渲染发现并没有任何改变，如图 14-18 所示。

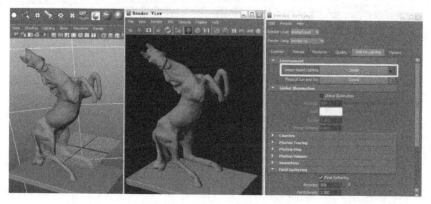

图 14-18

（6）单击 Image Based Lighting 后面的小三角按钮，进入到它的属性面板，单击 Image Name 后面的文件夹按钮，将 star1025.jpg 图片指定给它，渲染看到模型稍稍变亮，且背景图也换成刚才的贴图，但是没有阴影，效果也很一般，如图 14-19 所示。

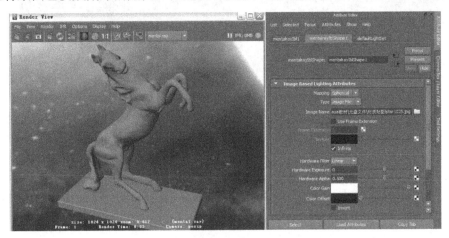

图 14-19

（7）展开 Light Emission 卷轴栏，勾选 Emit Light 项，再次进行渲染，这次会渲染得非常慢，但最终效果着实惊人，在场景中没有任何灯光的情况下，居然使模型呈现出逆光的效果，而且还出现了阴影，如图 14-20 所示。

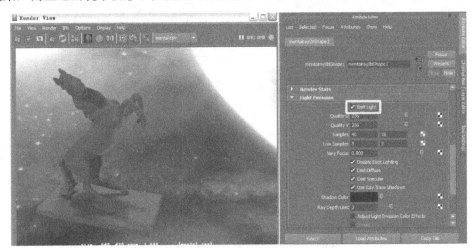

图 14-20

▶ 14.3 焦散效果实例——玻璃马

所谓的焦散就是指物体被灯光照射以后，使光线反射或折射，并投影出亮的影像，如图 14-21 所示。

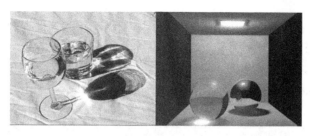

图 14-21

这种现象一般出现在透明物体和金属物体上，Maya 自身是无法模拟真实物理折射来实现这一现象的，而 Mental Ray 则有一套专门制作这种现象的参数。

14.3.1 模型整理

由于现在国内使用 3ds Max 和 Maya 的人都很多，因此不少初学者都要面临一个 3ds Max 文件如何转成 Maya 文件的问题，现在就借助这个实例来加以说明。

（1）使用 3ds Max 软件打开 Horse.max 文件，场景中有一匹马的模型，另外还有 5 盏灯，如图 14-22 所示。

图 14-22

（2）执行 3ds Max 软件的 File→Export（导出）命令，在弹出的对话框中选择保存类型为 Wavefront Objects（∗.OBJ），即 OBJ 格式，单击"保存"按钮，会弹出 OBJ Exporter（OBJ 格式导出设定）窗口，设定 Faces 为 Polygons，单击"OK"按钮，如图 14-23 所示。

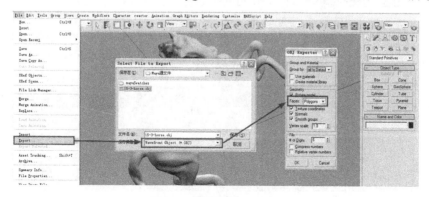

图 14-23

（3）打开 Maya，执行 File→Import（导入）命令，将刚才保存的 OBJ 文件导入，但导入后却在场景中什么也看不到了，这是模型过大的缘故。

打开大纲视图，选中里面的 horse:null_模型，这就是导入进来的马的模型，在右侧的通道栏中修改 Scale X、Y、Z 轴数值均为 0.001，会看到模型已经出现在场景中心了，如图 14-24 所示。

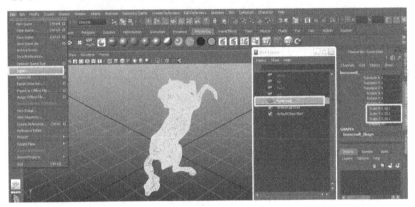

图 14-24

（4）新建一个 polygon 立方体，作为马模型的底座，并添加倒角效果。新建一个 Plane，作为地面，并在外面罩一个球体，如图 14-25 所示。

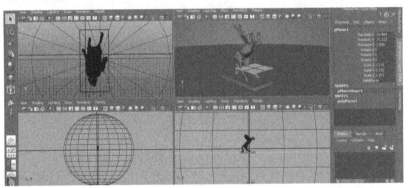

图 14-25

（5）将马模型与底座模型群组，并使用旋转工具，将它们放倒在地面上，如图 14-26 所示。

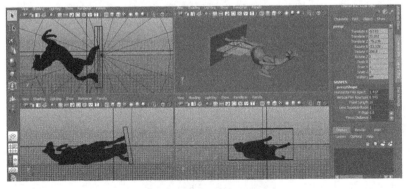

图 14-26

14.3.2　场景布置

（1）将摄像机调整好位置，为了避免不小心动了摄像机使角度改变，可以在第 1 帧处为摄像机打上关键帧。

将马和底座模型指定一个前面所学过的玻璃材质，如图 14-27 所示。

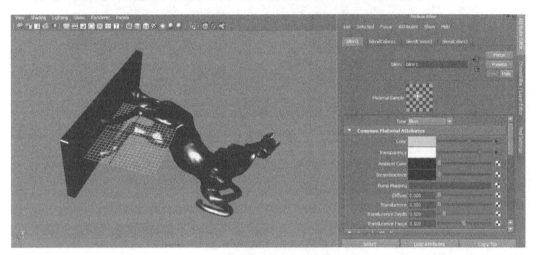

图 14-27

（2）创建一盏 Area Light，并调整到图中的角度，由于希望焦散的范围大一些，因此最好灯光与地面的夹角小一些，如图 14-28 所示。

图 14-28

（3）由于 Area Light 灯光自身的特性，需要先调整 Intensity（灯光强度）为 300，并勾选 Use Depth Map Shadows（使用深度贴图阴影），调整 Resolution（阴影分辨率）为 1024，Filter Size 为 4，使阴影边缘模糊一些，渲染如图 14-29 所示。

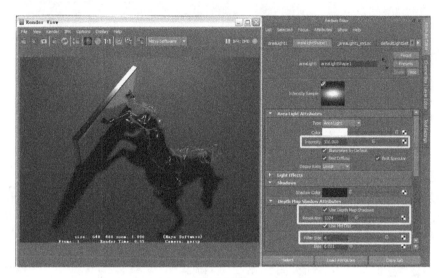

图 14-29

（4）创建一个 Lambert 材质球，将它的 Ambient Color 属性设置为纯白色，并为它的 Color 属性指定 Room.jpg 贴图，将 Lambert 材质指定给最外面的球体，使玻璃产生反光，渲染如图 14-30 所示。

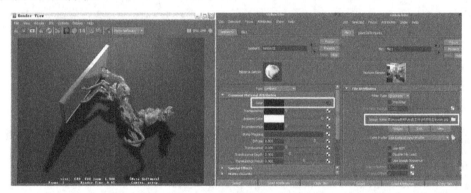

图 14-30

（5）再创建一个 Lambert 材质球，为它的 Color 属性指定一个 Checker 贴图，并在它的贴图坐标设置面板中设置 Repeat UV 值均为 20，渲染如图 14-31 所示。

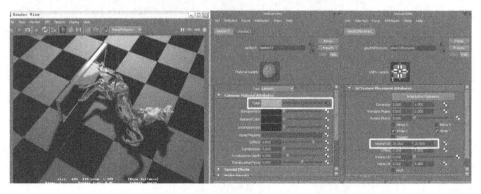

图 14-31

14.3.3　制作焦散效果

（1）打开渲染设置面板，在 Render Using 中选择 Mental Ray 渲染器，并进入 Mental Ray 的设置面板，设置 Quality Presets 为 Preview：Caustics（预览：焦散），渲染后会看到，阴影散得很开，光线也比先前更加柔和，真实程度大大提高了，但焦散效果却没有出现，如图 14-32 所示。

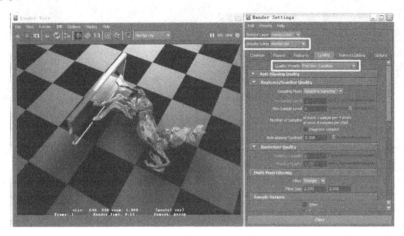

图 14-32

（2）由于焦散效果要和场景中的主灯光相配合，因此还要对灯光进行 Mental Ray 的相关设定。

选中场景中的那盏 Area Light 灯光，打开属性面板，展开 Mental Ray 卷轴栏，在 Caustic and Global Illumination 卷轴栏下勾选 Emit Photons，但渲染发现依然没有任何变化，如图 14-33 所示。

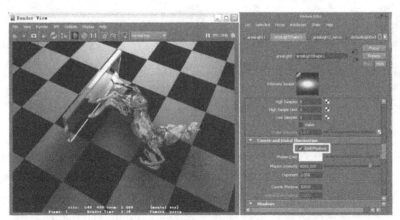

图 14-33

（3）在 Area Light 灯光的属性面板中，调整 Caustic and Global Illumination 卷轴栏下的 Exponent 为 1.4，这个参数是调整焦散效果的强度，数值越小强度越高，渲染发现，焦散效果已经出现了，如图 14-34 所示。

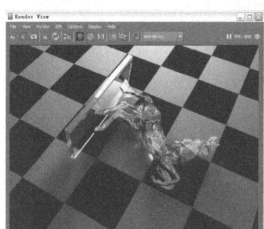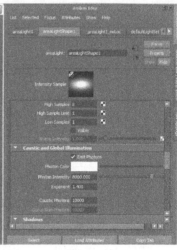

图 14-34

（4）实际上现在的焦散效果已经比较合适了，这么一点点的焦散效果不仔细看还是看不出来，我们希望焦散的面积大一些。

还是进入 Area Light 灯光的属性面板，打开 Mental Ray 卷轴栏下的 Area Light 卷轴栏，勾选 Use Light Shape，使用整个灯光的形状来照明，渲染发现整个画面已曝光过度了，如图 14-35 所示。

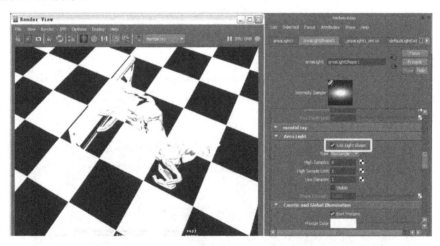

图 14-35

（5）现在将 Area Light 灯光的 Intensity（强度）降低一半，设置为 140，再将 Decay Rate（灯光衰减）设置为（Linear）线性衰减，再渲染会看到画面整体被加亮了，而且焦散效果面积扩大了，也更亮了，整个玻璃也变得清澈了很多，如图 14-36 所示。

（6）现在依然觉得焦散效果不够强烈，在 Area Light 灯光的 Caustic and Global Illumination 卷轴栏下，调整 Photon Intensity（光子强度）由原来的 8 000 提高到 12 000，再渲染会看到效果更加强烈，这种强烈的效果和调整 Exponent 属性是不同的，调整 Exponent 属性会使整体变亮，而调整 Photon Intensity（光子强度）可以使焦散效果由中心向外变强烈，如图 14-37 所示。

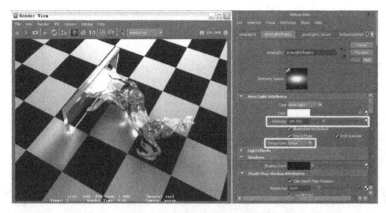

图 14-36

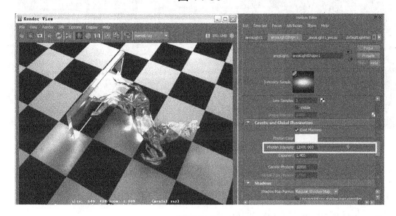

图 14-37

实际上我们在调整焦散参数的时候，经常会看到一个单词"Photon"，这个单词的意思是光子，是 Mental Ray 进行真实光线计算的一个基本单位。

现在可以打开 Mnetal Ray 的 Indirect Lighting 设置面板，打开 Caustics 卷轴栏，设定 Radius 为 0.12，这个参数是光子的半径，默认值为 0，即 Maya 根据实际情况进行调整，现在我们强制让它的半径仅为 0.12，渲染可以看到地面上一个一个的光子，Mental Ray 就是通过对光子的计算来得到真实的光线效果的。

回到 Area Light 的面板，也是在 Caustic and Global Illumination 卷轴栏下，看到 Caustic Photons 为 10 000，这就是说场景中目前有 10 000 个光子参与计算，如图 14-38 所示。

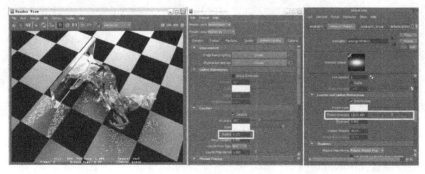

图 14-38

（7）将 Radius（光子半径）改回 0，现在要把场景中的光子数量增加，以得到更加细腻的效果。

在 Area Light 面板的 Caustic and Global Illumination 卷轴栏下，修改 Caustic Photons 为 80000，整整提高 7 倍，渲染如图 14-39 所示。

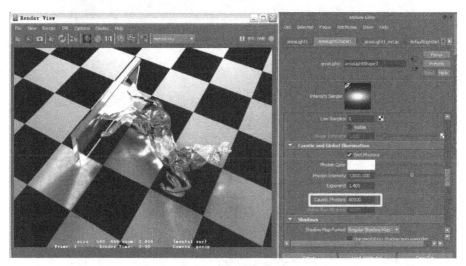

图 14-39

（8）现在的焦散效果已经很丰富了，只是画面的颗粒感太重，这是由于设定的 Mental Ray 的渲染级别是 Preview：Caustics（预览：焦散），预览的效果肯定会比较差，但是调整阶段还是渲染速度是最重要的。

回到 Mental Ray 的面板，打开 Anti-Aliasing Quality 卷轴栏，将 Raytrace/ScanLine Quality 下的 Max Samples Level 值调节为 3，这样 Mental Ray 会对图像中的每一个像素进行 4～64 的采样，已经足够细腻了，再设定一下最终渲染的图像大小，单击渲染就可以了，如图 14-40 所示。

图 14-40

渲染完可以在 Photoshop 软件中调整一下色调和曲线，并锐化一下，最终完成的文件参见 14-3-horse-ok.mb，渲染效果如图 14-41 所示。

图 14-41

14.4　Mental Ray 综合实例——雕塑室

接下来要完成一个综合性的实例，包括 Maya 前期的材质、Maya 自身灯光与 Mental Ray 的无灯照明相配合，还有 Mental Ray 的景深效果，如图 14-42 所示。

图 14-42

14.4.1　Maya 部分的调整

（1）打开 14-4-life.mb 文件，这是一个简单的场景，没有灯光，下面要对这个场景做材质和灯光部分的工作，如图 14-43 所示。

（2）新建一个 Lambert 材质，调整 Color 属性为土黄色，Diffuse 为 0.75，并为 Bump Mapping 制定一个 Cloud 贴图，调整 Bump Depth（凹凸深度）为 0.5。将调整好的 Lambert 材质指定给场景中的人头模型，如图 14-44 所示。

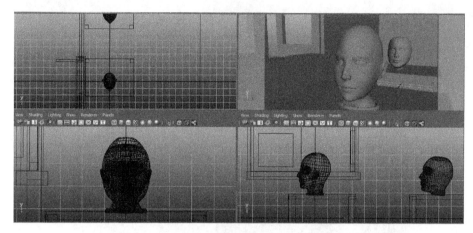

图 14-43

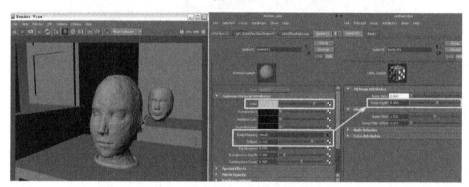

图 14-44

（3）再新建一个 Lambert 材质，将 wall.jpg 图片指定给它的 Color 属性，并在图片的坐标面板中调整它的 Repeat UV 值都为 3。

再调整这个 Lambert 材质的 Diffuse 属性为 1，将它指定给场景中的两面墙壁模型，如图 14-45 所示。

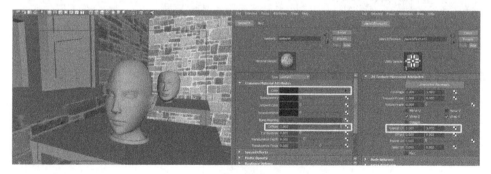

图 14-45

（4）继续新建一个 Lambert 材质，将 OLDWOOD.JPG 图片指定给它的 Color 属性，并在图片的坐标面板中调整它的 Repeat UV 值为 4 和 2。

再调整这个 Lambert 材质的 Diffuse 属性为 1，将它指定给场景中的桌子和窗户，如图 14-46 所示。

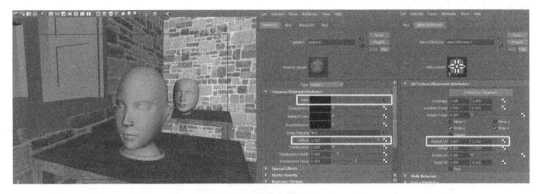

图 14-46

（5）使用 Photoshop 软件打开 OLDWOOD.JPG 图片，执行图像→调整→去色命令，将它变成黑白色调，然后再执行图像→调整→曲线命令，将图片变得极亮，并保存为 OLDWOOD-bump.jpg，我们将用它作为桌子材质的 Bump 贴图，如图 14-47 所示。

图 14-47

（6）打开木头 Lambert 材质的属性面板，将刚才调整好的 OLDWOOD-bump.jpg 图片指定给 Bump Mapping（凹凸贴图）属性，在图片的坐标面板中调整它的 Repeat UV 值也都为 4 和 2，设置 Lambert 材质的 Bump Depth（凹凸深度）为 0.5，如图 14-48 所示。

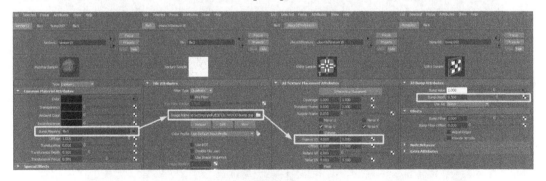

图 14-48

（7）继续新建一个 Lambert 材质，将 STUCCO8.JPG 图片指定给它的 Color 属性，将这个材质指定给地面。

再调整出一个玻璃材质，将它指定给窗户的玻璃模型，直接渲染会看到现在效果很差，如图 14-49 所示。

（8）创建一盏 Point Light（点光源），放置在窗户外侧，由于后面会添加 Mental Ray 的照明，因此它的 Intensity（灯光强度）先设置为 0.2，Color 设置为浅蓝色。

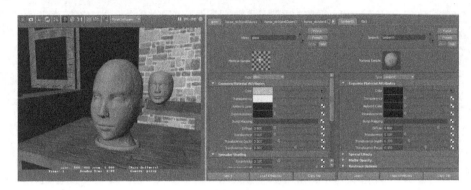

图 14-49

添加 Light Fog（灯光雾）效果，使灯光雾对着第一个头部模型的方向，设置灯光雾的 Color 为浅黄色，Intensity（强度）为 0.8。

打开灯光的深度贴图阴影，并设置 Resolution（分辨率）为 1 024，Filter Size 为 5，Fog Shadow Intensity（灯光雾阴影强度）为 5，Fog Shadow Sample 为 100，使灯光雾的阴影强烈一些，如图 14-50 所示。

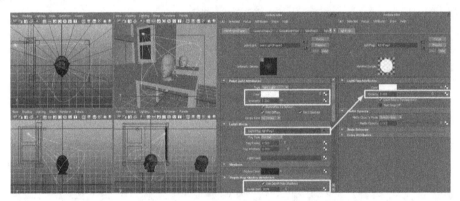

图 14-50

（9）创建一盏 Ambient Light 灯光，将它的 Color 设置为浅黄色，Intensity 设置为 0.12，如图 14-51 所示。

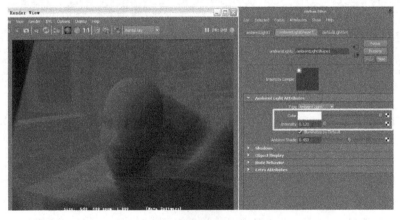

图 14-51

（10）使用 2.3.1 创建模型中创建草的制作方法，为模型的头顶创建一些草，调整草的材质 Diffuse 属性为 1.0，并在 Color 属性中，将 Ramp 的两个颜色分别调亮一些，如图 14-52 所示。

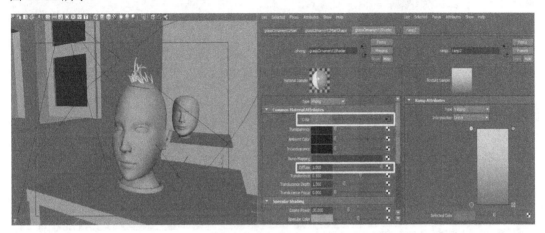

图 14-52

14.4.2 使用 Mental Ray 进行照明

（1）新建一个球体，使用放缩工具放大，将整个场景包裹在里面。

我们准备使用前面学过的 HDRI 照明的方法来照亮场景。新建一个 Lambert 材质，展开 Ambient Color 后面的贴图钮，将 uffizi_probe.hdr 文件指定给它，如图 14-53 所示。

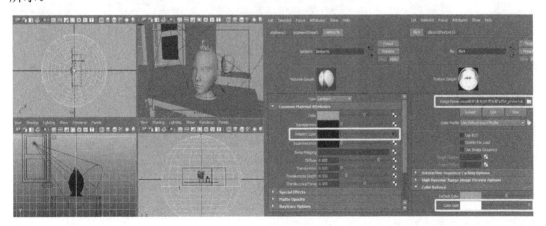

图 14-53

（2）打开渲染设置面板，将渲染器改为 Mental Ray，将 Quality Presets 设置为 Preview: Final Gather，单击渲染会看到整个场景都已经被照亮了，如图 14-54 所示。

（3）现在场景中的光感不是很强，进入 uffizi_probe.hdr 的 File 结点中，展开 Color Balance 卷轴栏，将 Color Gain 颜色中的 V 值由 1 设置为 1.5，再渲染会看到场景亮多了，如图 14-55 所示。

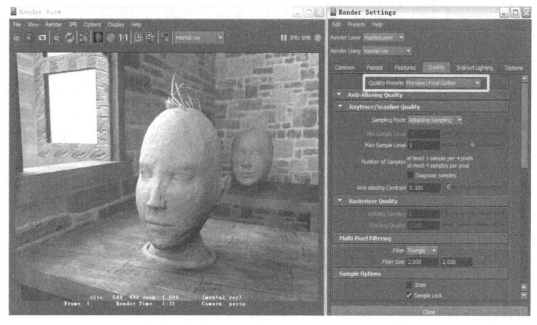

图 14-54

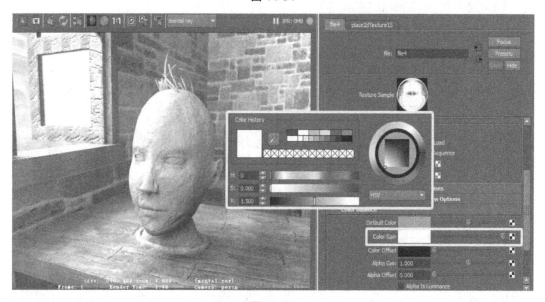

图 14-55

14.4.3 使用 Mental Ray 制作景深

前面学过用 Maya 自身制作景深的流程，现在来看一下用 Mental Ray 制作景深的方法。

（1）执行视图菜单的 View→Select Camera（选择摄像机）命令，并按 "Ctrl+A" 组合键进入摄像机的属性面板，打开 Mental Ray 卷轴栏，单击 Lens Shader 后的贴图钮，然后选择 Mental Ray 面板下的 Physical_lens_dof 结点，在这个结点的属性面板中有两个参数，Plane 是控制景深距离的，Radius 是控制模糊强度的，如图 14-56 所示。

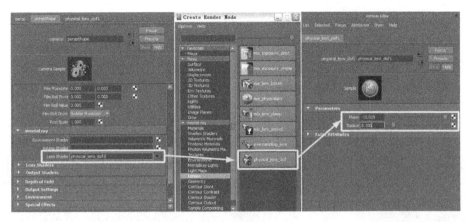

图 14-56

（2）现在希望将聚焦点设置在第一个头部模型的脸部，执行 Display→Heads Up Display→Object Details 命令，使视图的右上方出现场景的各种信息，如图 14-57 所示。

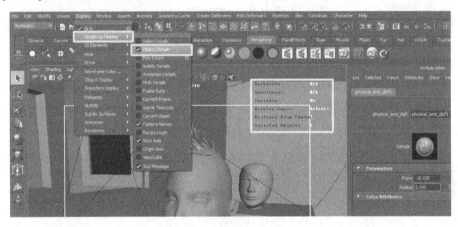

图 14-57

（3）选中头部模型，在右上角的信息栏中，Distance From Camera 的数值为 6.993，这是选中物体与摄像机的距离值，如图 14-58 所示。

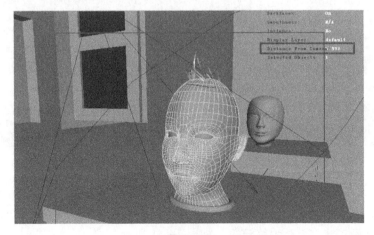

图 14-58

（4）进入摄像机的 Physical_lens_dof 结点设置面板中，在 Plane 栏中输入刚才测试的头部模型与摄像机的距离值，但要在前面加一个 "–" 号，即–6.993。在 Radius（模糊强度）栏中输入 0.1。

渲染会发现，对焦出现了重大错误，脸部的鼻子、嘴和眼睛都出现了模糊，而稍远一点点的耳朵、脖子等才是清晰的，如图 14-59 所示。

图 14-59

这种情况是由于测焦不准造成的，新建一个球体，要求非常小，放置在角色的鼻子上，选中这个球体，观察现在的 Distance From Camera 的数值为 5.769，这个才是准确的摄像机与鼻子的距离，测量完毕将新建的这个球体删除，如图 14-60 所示。

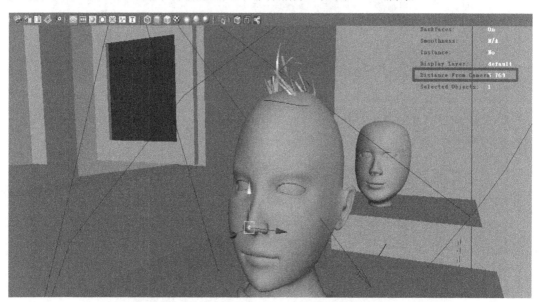

图 14-60

（5）重新设定进入摄像机的 Physical_lens_dof 结点设置面板中，在 Plane 栏中输入–5.769。Radius（模糊强度）栏中依然是 0.1。打开渲染设置面板，调整 Max Sample Level 值为 3，调高渲染尺寸，进行最终渲染，如图 14-61 所示。

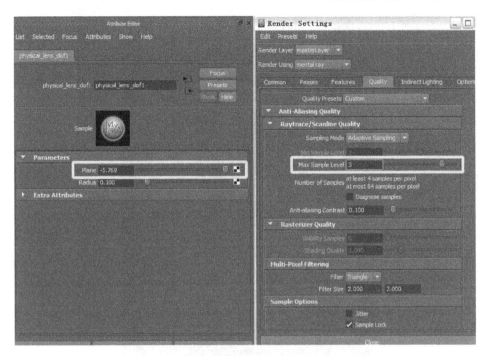

图 14-61

最终完成的文件参见 14-4-life-ok.mb，渲染效果如图 14-62 所示。

图 14-62

在最终的渲染中，Final Gather 可以对静帧渲染出很好的效果，但是一旦渲染动画，会造成难以控制的画面闪烁现象。这是由于 Final Gather 在计算每一帧的时候，光子都是随机发射的，因此一旦连贯起来播放就会出现闪烁。

如果渲染动画，需要在 Mental Ray 的 Indirect Lighting 设置面板中，将 Final Gathering Map 卷轴栏下的 Rebuild（重建）设置为 Off，即关闭状态，并在 Final Gather File 栏中输入一个名字，使计算结果保存起来，这样就不会在每一帧都重新计算了，如图 14-63 所示。

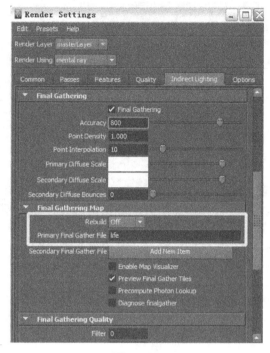

图 14-63

本 章 小 结

这一章学习了 Maya 的 Mental ray（渲染器）的使用，以及一些特殊效果的渲染方式，读者应该对 Mental Ray 渲染器的强大有了深刻的认识。实际上在 Maya 的 Hypershade 中也有很多 Mental Ray 材质，在制作的时候也很有用。

作 业

1. 使用 Mental Ray 渲染器的无灯照明技术，为自己的场景进行设置,在不打灯光的情况下完成照明。图 14-64 为范例，是郑州轻工业学院动画系唐达完成的作品。

2. 创建一套玻璃器皿，使用 Mental Ray 渲染器制作出焦散的效果。

图 14-64

3. 将以前制作的场景使用 Mental Ray 渲染器进行重新设置,加入本章所学到的一些特效，达到照片级别的效果。

附录 A　Maya 快捷键功能表

动画快捷键

S　设置关键帧

I　插入关键帧模式（动画曲线编辑）

Shift+E　存储旋转通道的关键帧

Shift+R　存储缩放通道的关键帧

Shift+W　存储转换通道的关键帧

操纵杆操作

T　显示操纵杆工具

=　增大操作杆显示尺寸

–　减少操作杆显示尺寸

快捷菜单显示

空格键　　弹出快捷菜单（按下）

空格键　　消除快捷菜单（释放）

Alt+M　快捷菜单显示类型（恢复初始类型）

混合操作

]　重做视图的改变

[　撤销视图的改变

Alt+S　旋转手柄的附着状态

菜单模式选择

Ctrl+M　显示（关闭）+主菜单

鼠标右键+H　转换菜单栏（标记菜单）

F2　显示动画菜单

F3　显示建模菜单

F4　显示动力学菜单

F5　显示渲染菜单

吸附操作

C　吸附到曲线（按下/释放）

X　吸附到网格（按下/释放）

V　吸附到点（按下/释放）

移动被选对象

Alt+↑　向上移动一个像素

Alt+↓　向下移动一个像素

Alt+←　向左移动一个像素

Alt+→　向右移动一个像素

'　设置键盘的中心集中于命令行

Alt+'　设置键盘的中心于数字输入行

（显示/隐藏）对象

Ctrl+H　隐藏所选对象

Ctrl/Shift+H　显示上一次隐藏的对象

三键鼠标操作

Alt+左键　旋转视图

Alt+中键　移动视图

Alt+右键　缩放视图

Alt+Ctrl+右键　框选放大视图

Alt+Ctrl+中键　框选缩小视图

选择物体成分

F8　切换物体/成分编辑模式

F9　选择多边形顶点

F10　选择多边形边

F11　选择多边形面

F12　选择多边形 UVs

Ctrl+I　选择下一个中间躯体

Ctrl+F9　选择多边形的顶点和面

文件管理

Ctrl+N　建立新的场景

Ctrl+O　打开场景

Ctrl+S　存储场景

Ctrl+1　桌面文件管理（IPX 版本专有）

工具操作

Enter　完成当前操作

Insert　插入工具编辑模式

W　移动工具

E　旋转工具

R　缩放工具

Y　固定排布工具

Shift+Q　选择工具切换到成分图标菜单

Alt+Q　选择工具切换到多边形选择图标菜单

Q　选择工具切换到成分图标菜单

显示设置

鼠标左键+4　网格显示模式

鼠标左键+5　实体显示模式

鼠标左键+6　实体材质显示模式

鼠标左键+7　灯光显示模式

鼠标左键+d　设置显示质量（弹出式标记菜单）

鼠标左键+1　低质量显示模式

鼠标左键+2　中质量显示模式

鼠标左键+3　高质量显示模式

雕刻笔设置

Alt+F　扩张当前值

Alt+R　激活双重作用（开启/关闭）

Alt+A　显示激活的线框（开启/关闭）

Alt+C　色彩反馈（开启/关闭）

鼠标左键+U　切换雕刻笔作用方式（弹出式标记菜单）

鼠标左键+O　修改雕刻笔参考值

鼠标左键+B　修改笔触影响力范围（按下/释放）

鼠标左键+M　调整最大偏移量（按下/释放）

鼠标左键+/　拾取色彩模式，用于绘制成员资格、绘制权重、属性绘制、绘制每个顶点色彩工具

鼠标左键+,　选择丛（按下/释放）用于绘制权重工具

窗口和视图设置

Ctrl+A　弹出属性编辑窗/显示通道栏

A　满屏显示所有物件

F　满屏显示被选目标

Shift+F　在所有视图满屏显示被选目标

Shift+A　在所有视图满屏显示所有对象

空格键　快速切换单一视图和多视图模式

编辑操作

Z　取消（刚才的操作）

Shift+Z　重做（刚才的操作）

Shift+G　重复（刚才的操作）

Shift+G　重复鼠标位置的命令

Ctrl+D　复制

Shift+D　复制被选对象的转换

Ctrl+G　组成群组

Ctrl+P　指定父子关系

Shift+P　取消被选物体的父子关系

播放控制

Alt+.　时间轴上前进一帧

Alt+,　时间轴上后退一帧

.　前进到下一关键帧

,　后退到下一关键帧

Alt+V　播放按钮（打开/关闭）

Alt/Shift+V　回到最小帧

K　激活模拟时间模块

翻越层级

↑　进到当前层级的上一层级

↓　退到当前层级的上一层级

←　进到当前层级的左侧层级

→　进到当前层级的右侧层级